油气田工程与资源开采利用

李 杨 高立斌 刘 亮 著

汕头大学出版社

图书在版编目（CIP）数据

油气田工程与资源开采利用 / 李杨，高立斌，刘亮
著．-- 汕头：汕头大学出版社，2023.4
ISBN 978-7-5658-4997-8

Ⅰ．①油… Ⅱ．①李… ②高… ③刘… Ⅲ．①油气田
－石油工程－研究 Ⅳ．① TE3

中国国家版本馆 CIP 数据核字（2023）第 065048 号

油气田工程与资源开采利用
YOUQITIAN GONGCHENG YU ZIYUAN KAICAI LIYONG

作　　者：	李　杨　高立斌　刘　亮
责任编辑：	陈　莹
责任技编：	黄东生
封面设计：	刘梦杳
出版发行：	汕头大学出版社
	广东省汕头市大学路 243 号汕头大学校园内　邮政编码：515063
电　　话：	0754-82904613
印　　刷：	廊坊市海涛印刷有限公司
开　　本：	710mm×1000mm 1/16
印　　张：	12
字　　数：	205 千字
版　　次：	2023 年 4 月第 1 版
印　　次：	2023 年 5 月第 1 次印刷
定　　价：	68.00 元

ISBN 978-7-5658-4997-8

前 言
PREFACE

油气田开发是一项复杂的技术工程，包括油田地质技术、油田开发技术、采油工艺技术和生产测试技术等不同门类技术，其中开发技术是龙头，地质技术是基础，工艺技术是条件，测试技术是手段，它们既各自独立又相互联系、相互渗透。油田开发是牵动其他技术发展的纽带，因此油气田开发工程应是以油藏工程为中心，以采油工程为技术手段，以提高原油采收率为主要目标的系统工程。

石油、天然气作为埋藏在地下的非固相矿产资源，其开发过程已逐步成熟，主要分为以下几个步骤：

（1）以含油气构造的详探资料为基础编制开发（计划）方案；

（2）根据方案要求钻井，建立将油气从地下采到地面和向地层注入工作剂的通道；

（3）建立油井工作制度，在现有的采油技术方法和地质条件下，控制油气向井底流动的速度和状态；

（4）人工向地层注入工作剂，保持地层压力，提高开采速度和原油采收率。

除油气开发之外，目前我国多数大中型露天矿山已经进入了中后期开采，很多矿山面临着露天转地下开采的问题。同时，部分露天矿山为了保持产量均衡，或为了扩大生产能力、加速矿山开发，采用露天与地下联合开采的方式，集露天与地下两种工艺优点于一体，是一种最佳的选择。矿产资源开采设计及资源的可持续利用是目前工作中的重点，目前我国特别重视开采过程中的安全问题、环境破坏问题及开发后的矿山生态修复，可持续开发将是未来工作的趋势与必然。

本书主要包括油气田开发工程、油田开发基础、页岩储层改造技术、油田采气工艺方法、矿产资源开发与可持续利用、矿产露天开采设计。

本书突出了基本概念与基本原理，在写作时尝试多方面知识的融会贯通，注重知识层次递进，同时注重理论与实践的结合。希望可以对广大读者提供借鉴或帮助。

由于作者水平及时间所限，书中或有不妥之处，敬请读者批评指正。

目 录
CONTENTS

第一章
油气田开发工程

第一节　油气田的地下构造

一、地质构造

（一）倾斜岩层

倾斜岩层，是指岩层层面和水平面形成一定的交角，而且岩层倾斜方向、倾角在一定范围内基本一致的岩层。它往往是其他地质构造的一部分，如后面介绍的褶曲构造的翼、断层的盘等。因此，在油气勘探钻井过程中，会经常遇到这样或那样的倾斜岩层。研究倾斜岩层是搞清地质构造的基础。

1.倾斜岩层的产状要素

倾斜岩层的产状要素，是指岩层的走向、倾向及倾角。一旦知道这三个要素，岩层的空间位置就可以确定。根据岩层产状要素的变化，用制图的方法，可以了解与判断地质构造的形态。

2.产状要素确定方法

地质罗盘是用来在地面直接测量岩层产状的既简单又轻便的仪器。它的结构很简单，有磁针、刻度盘、测斜器及水准器。用它可直接在岩层地面露头上测得岩层的走向、趋向及倾角。

地下某个岩层产状要素，可利用某岩层所钻三口井的资料来确定。每口井通过该层面的海拔高程确定后，用作图的方法可求得其产状要素。

（二）褶曲构造

一本很平整的书，放到桌面上两端受到挤压后，它将变成弯曲的形状。这种弯曲有的部分向上隆起，有的部分向下凹陷。同样，地壳表面沉积的水平岩层，在地壳运动过程中受构造力的作用，使其发生弯曲，这种发生弯曲的岩层叫作褶曲构造。

自然界弯曲的岩层虽然形态千变万化，褶曲的幅度有高有低，岩层出露时代有老有新，但按它们的外表形态来看仅有两大类，即背斜构造和向斜构造。

背斜构造：是指岩层向上弯曲的褶曲，其核部的地层比外围的地层要老。

向斜构造：是指岩层向下弯曲的褶曲，其核部的地层比外围的地层要新。

如果在背斜的附近有油气源，则该背斜可能含有烃类，形成油气藏。因此，在油气勘探中，背斜是石油地质学家最感兴趣的，成为他们寻找的主要目标之一。

（三）断层

断层是指在构造力作用下，岩层沿破裂面发生显著位移的构造现象。一方面它会使油气藏遭到破坏；另一方面它也可以形成断层封闭类型的油气藏。

一般根据断层上、下盘沿断层面相对位移的情况，对断层进行分类。

正断层：上盘相对下降、下盘相对上升的断层称正断层。正断层在地面或井下的标志为地层缺失。

逆断层：上盘相对上升、下盘相对下降的断层称逆断层。逆断层在地面或井下的标志为地层重复。

平推断层：岩层沿断层面作水平错动，而无明显的上升或下降的断层称平推断层。

在自然界中，断层往往不是孤立存在，而是成群成组出现，它们的组合关系大致有阶梯正断层、地垒构造、地堑构造和叠瓦状构造。

（四）裂缝

裂缝就其成因可分为成岩缝及构造缝两种。对于构造裂缝，它是在地壳运动构造力作用下，使岩层发生变形，这种变形超过了岩石的弹性极限，使其发生破裂，但岩层沿破裂面没有发生明显的位移。由于裂缝的存在，使地下水沿裂缝进行溶蚀并发生次生变化，使裂缝在原来的基础上进一步扩大和互相连通，这样就造成了形成油气藏的有利地质条件。

裂缝的分类方法很多，依据不同的标准有不同的分类方法。如依据岩石的受力性质，可将裂缝分为张裂缝和剪切裂缝。

张裂缝：岩层受张应力作用，沿最大张应力面所产生的裂缝称张裂缝。这种裂缝往往是张开的裂缝，裂缝面粗糙不平且带颗粒状，裂缝面上没有擦痕。

剪切裂缝：岩层受切应力作用，沿最大剪切面形成的两组"X"交叉的裂缝称剪切裂缝。这种裂缝通常是闭口的裂缝，它可沿岩层走向和趋向延伸很远距离。裂缝面上常具有擦痕、滑动沟和滑动镜面等位移痕迹。

二、认识地下构造的手段和方法

从沉积史看，在地壳上的沉积岩从古到今，深浅不一。但我们最感兴趣的并不是从地面至地下地层的全部，而是油气的储集层及其盖层、底层和夹层及其延伸和边界。为了兼顾上下层间联系及钻井工程等的需要，还需简要了解上覆岩层的层序及其接触关系。这就是说，就油气藏构造而言，需要了解其构造形态、闭合面积、闭合高度和倾角、圈闭类型及条件，如盖层、褶皱、断层等，储层的断裂系统、断层的性质、产状和密封性等。

人们在长期的生产实践中，研究和总结出了一套探明和了解地下构造和沉积地层层序的手段和方法。

（一）地震法

地震法是地球物理方法中最有效的方法之一。地球物理方法是基于研究地球物理条件的若干基本变化，如地球中的重力变化、磁场的异常及电性的变化等，它涉及地球的组成和物理现象。在石油勘探中最常被解释的现象是地球的磁力、重力，尤其是地震波。因此，可采用敏感度高的仪器来测量与地下条件相关的物理性质的变化，而这些变化能够指出可能的含油气构造。

早期使用的地球物理勘探工具是相当原始的。第一次用于油气勘探的地球物理仪器是地面磁力仪、折射地震仪、重力仪，继而使用反射地震仪及航空磁力仪。

地震勘测通常是钻开探测部位之前的最后一个勘探步骤。重力和磁力法提供一般性的资料，而地震法可以详细和精确地给出有关地下构造和地层的情况。地震资料的采集是通过人工产生震动，用地震仪探测并记录下来，最后将它们绘成地震波曲线。根据地震波曲线可以形成地震剖面，从而就可大体确定有希望含油气构造的位置、深度、倾角、延伸的方向、大断层的发生处等。

地震图仍属于资料不完备下的解释，至少它不能保证解释的结果是完全正确的。因此，当地震解释结果与钻井资料或开发地质者的构造概念矛盾时，往往需修正地震资料的解释结果。

（二）钻井取心和录井

这是直接认识地下构造和油层的方法。油气勘探的第一步是采用地震勘探等地球物理方法寻找地下可能储集油气的构造或地层圈闭。为了证实其中是否存在油气，需要在其上钻探井。在钻井过程中利用专门的取心工具将地下岩心取上来观察分析，并通过实验室的分析化验，测得地下不同深度处岩层的物理性质。

除取心以外，岩屑录井也是认识地下构造和岩层的一种方法。所谓岩屑录井，就是在钻井时，从循环的钻井液中连续捞取井底返上来的岩石碎屑进行分析研究，来了解地下岩层的情况。这种方法简单易行，应用普遍。

因此，通过钻井取心和录井，结合地质综合研究，可以得到该地区反映不同深度不同地质年代岩性变化的地质纵剖面图。

第二节　储集层的性质和分布状况

一、储集层的基本特征

（一）碎屑岩储集层

碎屑岩储集层的岩石类型有砾岩、砂砾岩、粗砂岩、中砂岩、细砂岩和粉砂岩。目前，我国所发现的碎屑岩油气藏，多数以中、细砂岩为主。

砂岩一般是由颗粒、基质和胶结物所组成。组成砂岩的颗粒具有各种不同的粒度。基质是颗粒之间细微的颗粒物质，一般由黏土级的颗粒组成，其体积可以超过砂粒颗粒。此时，砂粒就悬浮在基质中，彼此不相接触。

作为胶结物，许多砂岩在孔隙中含有干净的结晶物质，通常是石英和方解石。由于所有的砂岩深埋时都具有孔隙水，并且二氧化硅微溶于水，所以它能转移和沉淀。它沉淀在石英颗粒上，具有与原来相同的结晶构造，故其覆盖在原来的石英颗粒表面上辨认不出来。次生的氧化硅表面是平滑的，就像石英晶体一样。

根据砂岩沉积的状况，其可以是曲流河点砂坝体、三角洲分流河道砂体、三角洲前缘指状砂岩体、岸外堤坝砂岩体和冲积扇砂砾岩体等。因此，砂岩可以成薄层状、厚层状、块状、互层状，分布可以是连续的、稳定的，也可以是变化的。根据岩相、沉积旋回韵律及其分隔情况，我国学者将这类砂体的油层划分为4级：

1.单油层

通称小层或单层，是组合含油层系的最小单元。单油层间应有隔层分隔，其分隔面积大于其连通面积。

2.砂岩组

又称砂层组或复油层，由若干相互邻近的单油层组合而成。同一砂岩组内的油层其岩性特征基本一致，组内相互之间具有一定的连通性，而砂岩组间上下均有较为稳定的隔层分隔。

3.油层组

由若干油层特性相近的砂岩层组合而成。以较厚的非渗透性泥岩作为盖底层，且分布于同一相段之内，岩相段的分界面即为其顶底界限。

4.含油层系

由若干油层层组合而成，同一含油层系内的油层，其沉积成因、岩石类型相近，油水特征基本一致，含油层系的顶底界面与地层时代分界线具有一致性。

（二）碳酸盐岩

碳酸盐岩的主要矿物成分是方解石和白云石，据此可把碳酸盐岩分为两大类。当方解石含量大于50%称为石灰岩，当白云岩含量大于50%称为白云岩。

石灰岩和白云岩都具有化学活泼性和脆性，容易形成缝缝洞洞。油气就是储集在这些缝洞之中。我国四川盆地的主要储集层就是碳酸盐岩。就世界范围来说，碳酸盐岩油田储量约占世界石油总储量的57%，其产量约占世界石油总产量的60%。

与砂岩一样，碳酸盐岩的孔隙度通常受沉积环境的控制，最重要的作用是波浪和水流的簸扬作用。这种作用带走了细颗粒，使其具有粒间孔隙度和渗透率。

碳酸盐岩的主要组分为颗粒、泥、胶结物、晶粒及生物格架。常见的颗粒类型很多，其中最主要的有4种：生物颗粒、原生沉积的石灰岩碎屑、蠕虫粪便、缩粒–灰质颗粒等。

基质是黏土粒级的石灰质、有灰泥（方解石）、云泥（白云石）之分，称为泥晶。胶结物是干净的次生方解石。碳酸盐岩的原生孔隙是在沉积过程中，强烈的波浪或水流带走细粒泥质后形成的。此时，石灰岩可能主要由颗粒组成，具有少量泥晶。次生孔隙是石灰岩沉积后，由溶解和再沉淀形成。最常见的类型是印模和沟。印模是某些颗粒受到选择性溶解留下的洞穴，而沟是溶液流经岩石所溶蚀出来的小沟。

碳酸盐岩储集层单位体积内的储集空间小，但其厚度大，缝洞分布极不均匀，且缝常又具有组系性和方向性。

二、储集层的性质

储集层的性质和储存油气的岩石有着密切的关系。岩石的种类繁多，已经被人们认识的就有100多种，如花岗岩、石灰岩、砂岩、泥岩、页岩、大理岩、白云岩等。并不是所有的岩石都能成为储集层，能够形成储集层的岩石必须具有两个条件：一是要有孔隙、裂缝或孔洞等，让油气有储存的地方；二是孔隙之间、裂缝之间或是孔洞之间能够互相连通，构成油气流动的通道。当前，世界上常见的储集层种类很多，主要的有砂岩储集层、砾岩储集层、泥岩裂缝储集层、碳酸盐岩储集层、火山岩储集层等。像我国黑龙江的大庆油田、山东的胜利油田、辽宁的辽河油田等都是砂岩储集层（油层），新疆克拉玛依油田是以砾岩储集层为主的油层。储集层的类型很多，这里以砂岩储集层为主介绍它的特性，主要有储集层的孔隙度、渗透率、含油饱和度和有效厚度，这些都是储集层的物理性质，通常把它们叫作储集层的"物理参数"，可以用数字来表示。这些数据是油田计算储量、制定油田开发方案和掌握油田动态的基本数据。

（一）储层的孔隙度

储层中的岩石是由大小不一的岩石颗粒胶结而成的。在被胶结的颗粒之间，存在着微细的孔隙，如同用于修房屋的砖一样。假如一块砖在通常情况下的质量是3千克，那么把这块砖放在水中浸泡以后再去称它就可能成为3.5千克，其中有0.5千克的水浸入到了砖的孔隙中。同样，油气通常就储存在储层岩石的孔隙中。为了计算储层储油气能力的大小，人们把储层岩石中孔隙的总体积占储层岩石总体积的比值叫作孔隙度，通常用百分数表示。

储层的孔隙度可以用实验的方法获得。孔隙度大，说明岩石颗粒之间的容积大，储存油气的场所就大；孔隙度小，储层岩石颗粒之间的容积小，储集油气的场所就小。

（二）储层的渗透率

在储层中，除了具有能储存油气的孔隙，还必须具有油气水能在孔隙之间流动的通道，才能在压力的推动下使油气水从储集层流向井底。油气水在储层互相连通的孔隙中，在一定的压力推动下，发生渗流，这种允许流体渗透的性质，也就是流体通过孔隙的难易程度，就叫作储层的渗透率。我们经常见到这样一种现象，下雨之后，砂地上的水很快渗入砂内，地表面不存水，而泥土地上的水很长时间还残留在地面，容易形成积水。其原因就是砂地具有较大的孔隙通道，并且孔隙互相连通，也就是其渗透性好；而泥土地孔隙通道小，孔隙之间连通也不如砂地，渗透性就差。储集层也是如此。为了说明储层的渗透能力，一般用渗透率表示。储层的渗透率是不均匀的，不同的油田，不同的油层，渗透率有高有低，即使在同一油层内，也可能有很大的变化。

（三）含油饱和度

油层的孔隙里是不是都盛满了原油呢?不是的，一般来说，孔隙里含有油、气和水。人们把油层孔隙里的含油体积与孔隙体积的比值叫作油层的含油饱和度。这个数值越高，说明油层中的含油越多。这个参数也是计算油田储量的重要数据。

油层的含油饱和度，可以通过直接钻井取心获得。但是，在取岩心时一定要采取得当措施，尽可能保持岩心在地下的原始状态，避免因外界干扰而失真，从而确保含油饱和度测定的准确性。通常是采用油基钻井液取心，也可以用实验室的方法求得。

（四）油层有效厚度

砂岩油田的油层通常有几层，甚至几十层。每一层的厚度大小是不同的。有的油层厚度达十几米，甚至几十米；有的油层可能薄到几厘米，还有的油层含油性质差，厚度也小，不具有工业开采价值。因此、为了准确计算油田的储量，将油层的总厚度去掉无工业开采价值油层的厚度，所剩下来的厚度，称为油层的有效厚度。油层的有效厚度是评价油层好坏，计算油田储量的重要参数。

三、油层的分布状况

油层在地下是如何分布的呢?这个问题对于评价油层进行油田开发设计、编制油田开发方案是一个重要的方面。

砂岩油层在地下是不是如同人们想象的那样，一层一层均匀整齐地分布着呢?不是的。从我国东部几个大油田的油层在地下分布的实际资料来看，深埋在地下几百米、上千米的油层是由很多不规则的砂体组成的。假如把地下的油层搬到地表上来，沿着油层横向上进行追索，就可以看到，在一个油层中，它们的横向变化是很大的，一段是砂岩，一段是泥岩，有时看到是泥岩包围着砂岩，或是砂岩中包着泥岩。也就是说，在某一层内，不是单纯的砂岩或泥岩，而是既有砂岩，又有泥岩。砂岩的部分叫作砂体，而把含油的砂体叫"油砂体"，

在不同沉积条件下形成的油砂体，形态是复杂多样的。从平面上看，砂体的形态有长条状、手掌状以及其他不规则形态；单个砂体最大面积可达几百平方千米，最小的还不到一平方千米。储油性好的、渗透率高的砂体与储油性不好、渗透率低的砂体，其渗透率可以相差几十倍甚至几百倍。从纵向上看，在一套油层内厚薄不同、性能不同的油砂体参差错叠，互相串通。平

面上既有大片分布的油砂体，也有零星分布的油砂体；在切开的剖面上可以见到很厚的、延伸很远的油砂体，也有薄层油砂体，错综复杂，形态不一。尽管如此，它们还是有一定规律的，这就是在同样的沉积条件下形成的油砂体具有大体相同的形态特征和储油性能。概括起来主要有以下3种分布形态：

（一）厚层大面积连片分布的油砂体

这种形态的油砂体，从平面上看是大面积连片分布，而且油层延伸稳定。在这种油砂体内有的也混杂一些泥岩层或渗透性很差的岩层，但这些岩层都是孤立地、零星地分散在砂岩之中。从总体上看，砂岩体是大面积连续分布的；从切开的剖面上看，这种油砂体厚度大，当中有的也夹有一些很薄的泥岩和其他岩层的条带，但是这样的夹层延伸不远即消失。在厚层大面积连片分布的油砂体中，砂岩颗粒较粗，分选性好，孔隙度、渗透率都比较高，一般来讲是油田开发中的主力油层。

（二）薄层大面积分布的油砂体

这种油砂体其砂岩厚度薄，但在平面上的展布是比较稳定的，形态比较规则，油砂体上下往往有稳定的非渗透层（一般为泥岩）隔开。油砂体砂岩颗粒较细，虽然孔隙度、渗透率都不高，但油层均匀，也是油田开发中的好油层。

（三）孤立的各种形态的油砂体

这种油砂体的形态比较多，但大多呈孤立地、零星地分布。如长条状的油砂体，形态比较简单，往往沿着一个方向伸展；还有零星分布的油砂体，砂岩呈一坨坨的砂体，有的形状似土豆，有的像手掌，等等。砂体和砂体之间互不连通，被一些泥质岩所包围。这种油砂体一般属于差油层。

总之，对油砂体的认识是制定油田开发方案，合理开发油田的地质基础，具有相当重要的意义。

四、认识油层的手段和方法

人们在长期的生产实践中，总结了一套认识油层的手段和方法。这些方法主要包括钻井取心和录井、地球物理测井、试油以及油层对比等。

（一）钻井取心和录井

这是直接认识油层的方法。在钻井过程中，利用专门的取心工具将地下油层的岩心取上来观察分析，并通过实验室的分析化验，测得油层的物理性质，如孔隙度、渗透率和含油饱和度等参数。根据分析研究的结果来认识油层的性质，并对油层进行评价，为油田开发研究提供第一手资料。

除取心以外，岩屑录井也是认识油层的一种方法。岩屑录井又称砂样录井。在钻井过程中，随着钻头不断地破碎地层，而钻井液又连续不断地将这些破碎了的岩石碎块带到地面，地质人员按照一定的深度间隔，及时地把它们收集起来进行观察描述，以了解井下地层变化情况，建立地层剖面，认识地下油层。

（二）地球物理测井

取岩心是认识油层最直接的方法。但是，取岩心会影响钻井速度、提高钻井成本。因此，对一个油田来讲，不可能每口井都取心。在实际工作中，通常是在油田勘探和开发的初期，根据油田地质情况钻一定数量的取心井，取出岩心直接进行观察分析。同时，还采用一种间接认识油层的方法，即地球物理测井。

地球物理测井是20世纪才发展起来的一门科学技术。它是根据不同的岩石具有不同的物理性质（如导电性、传热性、弹性、放射性等）这一思路提出来的。因此，地球物理测井就是通过对地下岩石的各种物理性质的测量，间接认识岩石各种性质的方法。如含原油的岩石，由于其中含有导电性很差的油，它就会表现出高电阻率的特征。因此，人们根据测得的岩石电阻率等参数，就可间接推断岩石的孔隙性、渗透性和含油性质等。

地球物理测井就是利用专门的仪器下入井内，沿着井身测量在自然条件下各种岩石的物理性质，用以研究和认识地下油层及油层中所含油、气、水特性的方法。一般来说，岩石具有导电性、放射性、磁性和机械性质等，因而相应地就有视电阻率测井、放射性测井、自然电位测井和声波测井等方法，下面对其作一简要介绍。

1.视电阻率测井

视电阻率测井法，简称电阻测井。其物理基础就是岩石不同，它们的导电能力也不同，即电阻率不同。对于相同结构的岩石，如果孔隙中所含流体性质不同，其电阻率也不同。例如，含油的砂岩电阻率就高，而含水的砂岩电阻率就低。

电阻率测井是利用一个电极，从地面下入井内，向井内供电，同时还有一个测量电极，用以测量从井底至井口各岩层的电阻率。因此，在仪器沿井身自下而上的测量过程中，如放电电极正对着容易导电的岩层或含水的砂岩时，电流通过地就多；相反，当电极碰到不易导电的岩层或是油砂岩时，电流通过地就少。通常用曲线将测量结果表示出来，借助于这条曲线就可了解地下岩层中含油、气、水的一般性质。这种测井方法主要用来划分油、气、水层。

2.自然电位测井

人们在实践中发现，在没有外加电场的情况下，测量电极在井内移动时可以测量到一条随井深而变化的电位差曲线。显然，井中的电位是自然产生的，而不是人工供电的，因此称为自然电位。井内自然电位是由于两种不同浓度的溶液（钻井液和地层水）相接触而形成的。用测量电极沿井深测量自然电位的变化，称为自然电位测井。这种测井方法主要用来区分岩层，进行地层对比和确定渗透层。

3.放射性测井

放射性测井就是通过测量岩石的自然放射性和人工放射性，划分井下岩层和油、气、水层的测井方法。

人们通过大量的岩石自然放射性实验研究，发现岩石中含有铀、钍等放射性物质和它们的分裂产物以及放射性钾。这些物质能够放射出 α、β、γ

射线，其中以γ射线为最强。但是，不同的岩石，它们的自然放射性强度是不同的。一般说来，岩石的自然放射性强度随岩石泥质含量的增加而增高。因此，根据放射性测井曲线可以划分井下岩性和判断泥质含量，进行剖面对比等。

放射性射线能穿过井中泥浆、套管和水泥环。因此，放射性测井可以在已下套管的井中进行测量，它在这一方面要比电法测井优越。同时，它还用于油田开采过程中，了解井下各层的生产动态等。

4.声波测井

利用不同岩石对声波的吸收能力和传播速度的不同，来研究井下岩层和油、气、水层的测井方法，就称为声波测井。一般来说，随着岩石密度的增加，声速也增大。储集层的孔隙度愈大，声速愈小。

在测井过程中，将声波测井仪器下入井内，通过电缆由地面进行控制。当声波发声器发出一定频率的声脉冲后，经过地层进行传播的一束波，分别由相隔一定距离的两个接收器所接收。根据这两个接收器所接收到的首波时间差，就可用来划分岩性，确定砂岩的孔隙度，划分裂缝渗透层，划分油、气、水层等。

以上只是简单地介绍了几种测井方法。但是，每种方法都是针对岩石与矿物的某种物理性质而提出的，它只能反映岩石物理性质的一个侧面。因此，为了全面了解地下油气层的性质，需要在同一口井中采用几种不同的方法进行测井，然后进行综合分析和对比。

随着现代科学技术的迅速发展，地球物理测井技术正向着综合、小型、数字化的方向发展。目前，已有使用一次下井可同时测量十多种曲线的综合测井仪，并直接应用计算机对测井记录进行处理。

（三）试油

通过取心和测井等方法，虽然可以知道油层里是否含有油、气。但是，油层里有多少油？油层压力多大？有没有工业开采价值？这一系列问题，还要通过试油来进一步证实。

当油井钻成之后，要向井筒里注入清水，把钻井时所用的钻井液替出来，从而降低井筒内钻井液柱对油层的压力。如果油层的压力高于井筒里液柱压力时，油层里的油就能自动喷到地面上来。反之，油层压力低于液柱压力时，油层里的油就喷不出来。试油工作就是针对油井自喷和不自喷的情况，采用各种方法分别测得油井的产油量、产气量和油层压力等资料，为油田开发方案的制定、储量计算、确定开采方式提供依据。

第三节　油气藏流体分布

一、中国油气的宏观分布

（一）西北古生代褶皱区

位于我国西北阿尔泰至昆仑广大古生代褶皱区内，包括昆仑山以北的许多含油气盆地，如塔里木、准噶尔、吐鲁番、柴达木、酒泉、民和等，属中间地块—山前坳陷及山间坳陷、山前坳陷型，盆地走向以北西西为主；拥有数千至万米中、新生界沉积岩系，一般在盆地南侧最厚；中、新生界多为陆相沉积，但塔里木盆地却有广泛的下第三系海相沉积；生油层系时代有从北向南逐渐变新的趋势。现已开发克拉玛依－乌尔禾、独山子、老君庙、鸭儿峡、冷湖等油田，近年来又在塔里木盆地第三系、白垩系、侏罗系、三叠系及奥陶系均有重要发现；产油层属中、新生界孔隙性砂岩或砾岩、古生界石灰岩及变质岩中也获得了工业油流。

（二）青藏中、新生代褶皱区

包括藏北中间地块及喀喇昆仑－唐古拉燕山褶皱带、冈底斯－念青唐古拉燕山褶皱带、川滇印支褶皱带及喜马拉雅褶皱带。在喜马拉雅山前坳陷和藏北中间地块，中、新生界沉积岩系发育，从二叠系至下第三系多为海相沉积，具有良好生油层系，并已发现地面油气显示，是一个具有含油气远景的区域。

（三）二连–陕甘宁–四川沉陷带

主要包括陕甘宁和四川两个含油气盆地，属台向斜型，范围广阔，在震旦系及古生界海相或海陆交互相沉积的基础上，接受了巨厚的三叠系及侏罗系海相或陆相沉积。四川盆地已开发川南气区和川中油区，前者以震旦系、石炭系、二叠系及三叠系海相碳酸盐岩为生产层，后者则在侏罗纪深湖相碳酸盐岩和细砂岩中找到了工业油藏。近年来又在川北大巴山前和龙门山前获得了工业油流，扩大了四川盆地的含油气远景。陕甘宁盆地在晚三叠世延长统和早侏罗世延安统都已发现砂岩油藏，印支运动后造成的古地貌对延长统和延安统的油气聚集都可能有重要影响。

（四）松辽–渤海湾–江汉沉陷带

主要包括松辽、渤海湾、江汉等含油气盆地。前者属台向斜型，下白垩统湖相砂岩产油，著名的长垣型大庆油气聚集带就在这里。盆地内下白垩统生油条件良好，又具有物性甚佳的砂岩，构成旋回式和侧变式生储盖组合，背斜圈闭完整，油气聚集条件颇为优越，形成长期高产稳产的工业油田，是我国的主要石油基地。后两者属断陷型，包括单断及双断凹陷，形成多凸多凹、凸凹相间的构造格局；同断层有关的各种二级构造带发育，有断裂潜山构造带、断裂背斜构造带、断鼻带、断阶带等类型；下第三系湖相砂岩产油，已发现胜利、大港等油田。

（五）苏北、台湾及东南沿海区域

包括黄海–苏北沉陷带及台湾 – 东南沿海大陆架的广大区域。在台湾西部山前坳陷已发现许多气田，产气层为第三系砂岩；在苏北坳陷中、新生界发育，已在下第三系砂岩中发现工业油藏。水深在200米以内的大陆架面积达130万平方千米，分布着巨大的沉积盆地和巨厚的沉积岩系，陆相下第三系及海相上第三系都具备良好的生、储油层系，油气资源蕴藏丰富，东南沿海大陆架将会成为世界上一个极为重要的盛产油气的区域。

我国油气资源具有下列主要特征：

（1）由于印度洋板块和太平洋板块俯冲作用的影响，在我国造成数量众多、类型齐全的含油气盆地。尤其中生代燕山运动和新生代喜山运动引起许多台向斜、断陷、中间地块、山间坳陷及山前坳陷剧烈下降，接受了巨厚中、新生代陆相沉积，成为我国目前最重要的一些含油气区域。

（2）海相及陆相生、储油气层系在我国都很发育，西部以中、新生界陆相沉积为主，东部则在陆相中、新生界之下，尚伏有古生界及中、上元古界海相沉积，形成多时代生、储油气层系重叠的多层结构。因此，我国产油气地层时代延续很长，从中、上元古界至第三系几乎都拥有丰富的油气资源，甚至在第四系也发现了浅层天然气。

（3）我国东部与西部的基底和区域构造性质的明显不同，决定了含油气盆地类型、产油气时代、油气聚集条件等方面，都有重要区别。西部属挤压作用强烈的山间坳陷、山前坳陷及中间地块型含油气盆地为主，中、新生界陆相地层产油，油气聚集多受压性构造控制；东部属张性作用明显的台向斜型及断陷型含油气盆地为主，中、上元古界、古生界及中、新生界的海相或陆相地层均产油气，油气聚集除受长垣、隆起控制外，多受张扭及压扭性断层控制。

二、油气藏中流体的宏观分布

对于一个含油气构造而言，由于流体间的密度差，使油、气、水在宏观上的分布为，水位于底部，油位于中部，气位于顶部。

三、流体的微观分布

油水在油层孔隙系统中的微观分布受岩石润湿性的制约，在水湿、油湿岩石中的分布明显不同。如果岩石表面亲水，其表面则为水膜所包围，如果亲油，则为油膜覆盖。

在孔道中各相界面张力的作用下，润湿相总是力图附着于颗粒表面，并尽力占据较窄小的孔隙角隅，而把非润湿相推向更畅通的孔隙中间部位去。

油水在岩石孔隙中的分布不仅与油水饱和度有关，而且与饱和度的变化方向有关，即是湿相驱替非湿相还是非湿相驱替湿相。通常，将非湿相驱替湿相的过程称为驱替过程，随着驱替过程进行，湿相饱和度降低，非湿相饱和度逐渐增高。把湿相驱替非湿相的过程称为"吸吮过程"，随着吸吮过程的进行，湿相饱和度不断增加。

第四节　油气藏流体性质此处背题

由于原油所处的地下条件与地面不同，使地层原油在地下的高压和较高温度下具有某些特性。例如：地层原油一般溶有大量的气体；因溶有气体和高温，使地下原油体积比地面体积大；地下原油更容易压缩；地下原油黏度比地面油黏度低，等等。

一、组成

原油是石蜡族烷烃、环烷烃和芳香烃等不同烃类以及各种氧、硫、氮的化合物所组成的复杂混合物，原油中的这些非烃类物质对原油的很多性质有重大影响。

二、气油比

地层原油与地面原油相比最大的特点是在地层压力、温度下溶有大量气体。通常把在某一压力、温度下的地下含气原油在地面进行脱气后，得到1m³原油时所分出的气体称为该压力、温度下地层原油的溶解气油比。

三、粘度

地面脱气油的黏度变化很大，从零点几到成千上万毫帕·秒不等。从外表上看，有的可稀到无孔不入，而有的则可能稠到成半固态的塑性胶团。

原油的化学组成是决定黏度高低的内因，也是最重要的影响因素。重烃和非烃物质（通常所说的胶质－沥青含量）使原油黏度增大。

无论是地面原油还是地下原油，其黏度对于温度的变化都很敏感，这是稠油热采的原理。

第五节　流体在储气层中的流动

地层油气流体的流动是在储集层多孔介质内进行的。储集层多孔介质是以岩石颗粒为骨架并含有大量微毛细管孔隙空间的介质。流体通过多孔介质的流动称为渗流。

地下油气水渗流有其独特的特点。首先，储集层多孔介质单位体积孔隙的表面积比较大，表面作用明显，因而必须考虑流体的粘滞作用；其次，地下储集层压力较大，通常要考虑流体的压缩性；还有，储集层孔道曲折复杂、阻力大、毛管力作用较普遍，有时还要考虑分子力；再者，储集层多孔介质中流体的渗流往往伴随有复杂的物理化学过程。

渗流力学就是研究流体在储集层多孔介质中运动规律的科学。它是流体力学与岩石力学、多孔介质理论、表面物理和物理化学交叉渗透而形成的一个边缘学科。就渗流力学的应用范围而言，大致可划分为地下渗流、工程渗流和生物渗流三个方面。

渗流力学在很多应用科学和工程技术领域有着广泛的应用。如土壤力学、地下水文学、石油工程、地热工程、给水工程、环境工程、化工和微机械，等等。此外，在国防工业中，如航空航天工业中的发汗冷却、核废料的处理以及诸如防毒面罩的研制等都涉及渗流力学问题。

第六节　油气藏储量

油气储量是油气田开发的物质基础。对其感兴趣的不仅限于石油工作者，政府决策人、经济学家、利用油气产品加工的下游有关部门都十分关心油气储量。

一、油气储量的分类与分级

油气田从发现起，大体经历预探、评价钻探和开发三个阶段。由于各个阶段对油气藏的认识程度不同，所计算出的储量的精度也不同，因此需要对油气储量进行分级。

（一）油气储量分类

储量可分为地质储量和可采储量两类。

1.地质储量

地质储量是指在地层原始条件下，储集层中原油和天然气的总量，通常以标准状况下的数量来表示。地质储量又可进一步分为三种：

（1）绝对地质储量：凡是有油气显示的地方，包括不能流动的油气都计算在内的储量。

（2）可流动的地质储量：指在地层原始条件下，具有产油气能力的储层中，原油及天然气的总量。也就是说，凡是可流动的油气，不管其数量多少，只要能流动的都包括在内的储量。

（3）可能开采的地质储量：指在现有技术和经济条件下，有开采价值并能获得社会经济效益的地质储量，即表内储量。而把在现有技术和经济条件下，开采不能获得社会经济效益的地质储量，称为表外储量。但是，当原油价格提高、工艺技术改进成本降低后，某些表外储量可以转变为表内储量。

2.可采储量

可采储量是指在现代工艺技术水平和经济条件下，能从储集层中采出的那一部分地质储量。原则上等于地质储量乘以经济采收率。显然，可采储量是一个不确定的量，随着工艺技术水平的提高、管理水平及油气价格的提高，其也会相应提高。

（二）油气储量分级

油气藏储量是编制勘探方案、开发方案的主要依据之一。但是，事实上，对于一个较大范围的油气田，不可能一下子把实际储量搞得一清二楚。油气田从发现起，大体经历预探、评价钻探和开发三个阶段。因此，在我国根据勘探、开发各个阶段对油气藏的认识程度，将油气藏储量划分为探明储量、控制储量和预测储量三级。

1.预测储量

预测储量是在地震详查以及其他方法提供的圈闭内，经过预探井（第一口探井）钻探获得油气田、油气层或油气显示后，经过区域地质条件分析和类比，对有利地区按照容积法估算储量。此时，圈闭内的油层变化、油水关系尚未查明，储量参数是由类比方法确定的，因此它只能估算一个储量范围值，其精度为20%～50%，用作进一步详探的依据。

2.控制储量

控制储量是指在某一圈闭内预探井发现工业油气流后，以建立探明储量为目的，在评价钻探阶段的过程中钻了少数评价井后所计算的储量。

该级储量是在地震详查和综合勘探新技术查明了圈闭形态，对所钻的评价井已做详细的单井评价，并通过地质和地球物理综合研究，已初步确定油藏类型和储集层的沉积类型，已大体控制含油面积和储集层厚度的变化趋势，对油藏复杂程度、产能大小和油气质量已做初步评价的基础上计算出的。因此，计算的储量相对误差应在50%以内。

3.探明储量

探明储量是Ⅰ级储量，是在油气田评价钻探阶段完成或基本完成后计算的储量，并在现代技术和经济条件下可提供开采并能获得社会经济效益的可靠储量。探明储量是编制油气田开发方案，进行油气田开发建设投资决策和油气田开发分析的依据。

探明储量按勘探开发程度和油藏复杂程度又分以下三类：

（1）已开发探明储量指在现代经济技术条件下，通过开发方案的实施，已完成开发井钻井和开发设施建设，并已投入开采的储量。新油田在开发井网钻完后，就应进行计算已开发探明储量，并在开发过程中定期进行复核。

（2）未开发探明储量是指已完成评价钻探，并取得可靠的储量参数后计算的储量。它是编制开发方案和开发建设投资决策的依据，其相对误差应在20%以内。

（3）基本探明储量主要是针对复杂油气藏而提出的。对于多含油层系的复杂断块油田、复杂岩性油田和复杂裂缝性油田，在完成地震详查或三维地震并钻了评价井后，在储量参数基本取全，含油面积基本控制的情况下，计算出的储量称为基本探明储量。基本探明储量的相对误差应小于30%。

二、油气储量的综合评价

油气储量开发利用的经济效果不仅和油气储量的数量有关，还主要取决于油气储量的质量和开发的难易程度。对于油层厚度大、产量高、原油性质好（黏度低、凝固点低、含蜡低）、储层埋藏浅、油田所处地区交通方便的储量，建设同样产能所需开发建设投资必然少，获得的经济效益必然高。对于油层厚度薄、产量低、油稠、含水高、储层埋藏深的储量，建设同样产能所需开发建设投资必然多，经济效益必然就要差些。因此，分析勘探的效果不仅需要看探明了多少储量，还需综合分析探明储量的质量。不分析探明储量的质量，会使勘探工作处于盲目状态。为此，在我国颁发的油气储量规范中，明确提出了对探明储量必须进行综合评价。

在油田储量计算完成后，应根据以下内容进行综合分析，进行储量计算的可靠性评价：

第一，分析计算储量的各种参数的齐全、准确程度，看是否达到本级储量的要求；第二，分析储量参数的确定方法；第三，分析储量参数的计算与选用是否合理，进行几种方法的对比校验；第四，分析油田的地质研究工作，是否达到本级储量要求的认识程度。

在储量综合评价中，人们都希望有一个经济评价分等标准，因为各项自然指标只有落实到经济效果上才能衡量它们的价值。但考虑到影响经济指标的因素很多，除油气田本身的地质条件外，还有政治、经济、人文地理等社会因素，这些因素在勘探阶段提交储量时，往往计算不出来。

第二章
油田开发基础

第一节 油田开发前的准备阶段

油田开发前的准备阶段的主要任务是：第一，进行详探，以便全面认识油气藏和计算出储量；第二，进行生产试验以认识油田的生产规律，并进行有关专项开发试验，深入研究某些具体规律，从而为编制正式的开发方案奠定可靠的基础。此阶段的工作包括地质研究、工程技术研究、室内实验研究和生产观察等许多方面的综合研究，需要有一个细致周密的规划。

一、详探阶段的主要任务

（1）以含油层系为基础的地质研究。要求弄清全部含油地层的地层层序及其接触关系，各含油层系中油气水层的分布及其性质，尤其是油层层段中的隔层和盖层的性质。同时还应注意出现的特殊地层，如气夹层、水夹层、高压层、底水等。

（2）油层构造特征的研究。要求弄清油层构造形态，油层的构造圈闭条件，含油面积及与外界连通情况（包括油气水分布关系），同时还要研究岩石物性及流体性质以及油层的断裂情况、断层密封情况等。

（3）分区分层组的储量计算。在可能条件下进行可采储量估算。

（4）油层边界的性质研究以及油层天然能量、驱动类型和压力系统的确定。

（5）油井生产能力和动态研究，了解油井生产能力、产油剖面、递减情况、层间及井间干扰情况。而对于注水井必须了解吸水能力和吸水剖面。

（6）探明各含油层系中油气水层的分布关系，研究含油储层的岩石物性及所含流体的性质。

二、详探方法

从上述详探阶段的任务可知，为了完成这些任务只依靠某一种方法或某一方面的工作是不行的，而必须运用各种方法进行多方面的综合研究才能做好。这里要进行的工作有地震细测、详探资料井分析、油井测试（测井、试油、试采以及分析化验研究）等。

（一）地震细测

在预备开发地区应在原来初探地震测试工作的基础上进行加密地震细测，达到为开发作准备的目的。通常测线密度应在2kim/km²以上，而在断裂和构造复杂地区，密度还应更大。通过对地震细测资料的解释，落实构造形态和其中断裂情况（包括主要断层的走向、落差、倾角等），从而为确定含油带圈闭面积、闭合高度等提供依据。而在断层油藏上，应依据地震工作，初步搞清断块的大小分布及组合关系，并结合探井资料作出油层构造图和构造剖面图。

（二）详探资料分析

详探工作中最重要和最关键的工作是打详探井，直接认识地层。详探工作进展快慢、质量高低直接影响开发的速度和开发设计的正确与否。因此对于详探井数目的确定、井位的选择、钻井的顺序以及钻井过程中必须取得的资料等都应做出严格的规定，并作为详探设计的主要内容。

详探井的密度，应在初步掌握构造情况的基础上，以尽量少的井而又能准确地认识和控制全部油层为原则来确定。在一般简单的构造上，井距通常在两千米以上，但在复杂的断块油田上一口探井控制的面积可以达到 1~2km²甚至更小。详探井井位布置和打井顺序是应该经过充分研究以后认真而慎重地决定，这是提高勘探井成功率的关键。此时认识含油层自身分布及变化是详探井的重要任务，但同时又要兼顾探边、探断层的工作。而在某些情况下，这些探井又可能是今后的生产井，因此和生产井网今后的衔接问题也必须进行考虑。详探井的布置方面，已经有许多较好的经验，但总的原则仍然是：应结合不同地质构造情况，具体地研究确定。

通过详探井的录井、岩心分析、测井解释等取得的资料，还应进行详细的地层对比，对于油层的性质及其分布，尤其是稳定油层的性质及其分布必须搞清，以便为下一步布置生产井网提供地质依据。与此同时，还要对主要隔层进行对比，对其性质进行研究，为划分开发层系提供依据。在通过系统地取心、分析以及分层试油，了解到分层产能以后，可以确定出有效厚度下限，从而为计算储量打下基础。

（三）油井试采

油井试采是油田开发前必不可少的一个步骤。通过试采要为开发方案中某些具体的技术界限和技术指标提出可行的确定办法。通常试采是分单元按不同含油层系进行的。要按一定的试采规划，确定相当数量的能够代表这一地区、这一层系特征的油井，按生产井要求试油后，以较高的产量较长时期地稳定试采。试采井的工作制度，以接近合理工作制度为宜，不应过大也不应过小。试采期限的确定，视油田大小而有所不同，总的要求是要通过试采暴露出油田在生产过程中的问题，以便在开发方案中加以考虑和解决。

试采的主要任务是：

（1）认识油井生产能力，特别是分布稳定的好油层的生产能力以及产量递减情况；

（2）认识油层天然能量的大小及驱动类型和驱动能量的转化，如边水和底水活跃程度等；

（3）认识油层的连通情况和层间干扰情况；

（4）确定生产井的合理工艺技术和油层改造措施。此外，还应通过试采落实某些影响开采动态的地质构造因素（如边界影响、断层封闭情况等），为今后合理布井和确定注采系统提供依据。为此，有时除了进行生产性观察外还必须进行一些专门的测试，如探边测试、井间干扰试验等。

在通常的情况下，试采应分区分块进行，因为试采的总目的是暴露地下矛盾、认识油井生产动态，所以油井的选择必须要有充分的代表性，既要考虑到构造顶部的好油层，也要兼顾到边部的差油层。同时必须考虑到油水边界、油气边界和断层边界上的井，以探明边水、气顶及断层对生产带来的影响。

上面说明了，详探试采井的平面布置应全面考虑。除此之外，在纵向上试采层段的选择，也应该兼顾到各种不同类型的油层，尤其是对于纵向上变化大的多油层油藏。如各层间岩性变化大、原油性质变化大、油水（气）界面交错、天然能量差别大等，也应尽可能都分别有一定数量的试采井，以便为今后确定开发层系和各生产层段的产能指标提供可靠依据。

三、油田开发生产试验区

从详探资料井和试采井获得的对油藏的地质情况和生产动态的认识，是编制开发方案必备的基础。但仅此还不够，为了制定方案还必须预先掌握和了解在正规井网正式开发过程中所采取的重大措施和决策是否正确和完善，而这些问题单依靠详探资料井和试采井是不可能完全解决的。因此对于一个大型油田来讲，开展多方面试验，而且往往是大规模开发试验，是必不可少的。

对于准备开发的大型油田，在经过试采了解到较详细的地质情况和基本的生产动态以后，为了认识油田在正式投入开发以后的生产规律，应在详探程度较高和地面建设条件比较有利的地区，首先划出一块面积作为生产试验区。这一区域应首先按开发方案进行设计，严格划分开发层系，选用某种开采方式（如早期注水或依靠天然能量采油），提前投入开发，取得经验，以指导其他地区。对于复杂油田或中小型油田，不具备开辟生产试验区的条件时，也应力求开辟试验单元或试验井组。其试验项目、内容和具体要求，应根据具体情况，恰当地确定。

开辟生产试验区是油田开发工作的重要组成部分。这项工作必须针对油田的具体情况，遵循正确的原则进行。生产试验区所处的位置和范围对全油田应具有代表性，使通过试验区所取得的认识和经验具有普遍的指导意义。与此同时，生产试验区应具有一定的独立性，既不因生产试验区的建立而影响全油田开发方案的完整与合理，也不因其他相邻区域的开发影响试验区任务的继续完成。

生产试验区的开发部署和试验项目的确定，必须要立足于对油田的初步认识和国内外开发此类油田的经验教训。既要考虑对全油田开发具有普遍意义的试验内容，也要抓住合理开发油田的关键问题。

生产试验区也是油田上第一个投入生产的开发区。它除了担负进行典型解剖的任务以外，还有一定生产任务。因此在选择时应考虑油井的生产能力、油田建设的规模、运输等条件，以保证试验研究和生产任务能同时完成，进展较快和质量较高。

（1）研究主要地层。主要研究油层小层数目，各小层面积及分布形态、厚度、储量及渗透率大小和非均质情况，总结认识地层变化的规律，为层系划分提供依据。

（2）研究井网。研究布井方式，包括合理的切割距大小、井距和排距大小以及井网密度等：①研究开发层系划分的标准以及合理的注采井段划分的办法；②研究不同井网和井网密度，对油层的认识程度以及各类油砂体对储量的控制程度；③研究不同井网的产量和采油速度以及完成此任务的地面建设及采油工艺方法；④研究不同井网的经济技术指标及评价方法。

（3）研究生产动态规律和合理的采油速度：

①研究油层压力变化规律和天然能量大小，合理的地层压力下降界限和驱动方式以及保持地层能量的方法；

②研究注水后油水井层间干扰及井间干扰，观察单层突进、平面水窜及油气界面与油水界面运动情况，掌握水线形成及移动规律、各类油层的见水

规律。

（4）研究合理的采油工艺和技术以及增产和增注措施（压裂、酸化、防砂、降粘等）的效果。以上几点只是生产试验的主要任务，但在实际上还必须根据各油田的不同地质条件和生产特点确定针对该油田的一些特殊任务。如对于天然能量充足的油田来说，转注时间及合理注采比就必须加以研究，除了断层对油水地下运动的影响、裂缝、高渗透层、特低渗透层、稠油层、厚油层等的开采特点外，还有转注时间和合理注采比，都应结合本油田情况加以研究。

四、油田开发试验

上面讲了生产试验区的任务。但是生产试验区仍是一个开发区，它不可能进行一个油田尤其是一个大油田开发过程中所需要进行的多种试验，更不可能进行对比性试验。因此为了弄清在一个油田开发过程中的各种类型的问题，还必须进行多种综合的和单项的开发试验，为制定开发方案的各项技术方针和原则提供依据。

随着油田建设的不断推进，开发程度的不断加深，以及开发中存在问题的进一步暴露，必须逐步而及时地开展各项开发试验，使得对油田开发这一客观事物的整个过程能够结合本油田的实际情况获得更多更清楚的了解。对于油田开发工作者来讲，为了做好面临的开发工作，借鉴和参考国内外各种先进开发经验是重要的，特别是国内外具有相同类型和生产方式的油田的开发经验。但最根本的仍然是要就地进行试验，以从本油田取得合乎实际的切实可靠的经验。这是更有直接意义的。

这些试验可以分单项在其他开发区进行，也可以选择某些井组、试验单元等来进行。这些试验项目和名称的确定，应以研究开发部署中的基本问题或是揭示油田生产动态中的基本问题或基本规律为目标来确定。针对不同油田的地质生产特点，人们可能采用的开采方式，各油田所需要进行的开发试验的项目可能差别很大，不能同等对待。这里只列出某些基本的和重要的项目，而各项试验进行的方法和具体要求，同样也应根据具体情况制定和提出。

（1）油田各种天然能量试验。天然能量包括弹性能量、溶解气能量、边水和底水能量、气顶气膨胀能量。应认识这些能量对油田产能大小的影响，对稳产的影响，不同天然能量所能取得的采收率以及各种能量及驱动方式的转化关系，等等。

（2）井网试验。通过这些试验，可以弄清楚包括各种不同井网（面积、行列……）和不同井网密度所能取得的最大产量和合理生产能力，不同井网的产能变化规律，对油层的控制程度以及对采收率和各种技术经济效果的影响。

（3）采收率研究试验和提高采收率方法试验。通过这些试验，可以弄清楚不同开发方式下各类油层的层间、平面和层内的干扰情况，层间、平面的波及效率和油层内部的驱油效率以及各种提高采收率方法的适用性及效果。

（4）影响油层生产能力的各种因素和提高油层生产能力的各种增产措施及方法试验。影响油层产量的因素有很多，例如边水推进速度、底水锥进、地层原油脱气、注入水的不均匀推进、裂缝带的存在等。而作为提高产能的开发措施应包括油水井的压裂、酸化、大压差强注强采，等等。

（5）与油田人工注水有关的各种试验。如合理的切割距、注采井的排距试验，合理的注水方式及井网，合理的注水排液强度及排液量，合理转注时间及注采比，无水采收率及见水时间与见水后出水规律的研究等。还有一些特殊油层注水，如气顶油田注水、裂缝油田注水、断块油田注水及稠油注水、特低渗透油层注水，等等。

总之，种种开发试验都应针对油田实际情况提出，在详探、开发方案制定和实施阶段应集中力量进行，而在油田开发的整个过程中同样必须始终坚持进行开发试验，直至油田开发结束。所以油田开发的整个过程也是一个不断深入进行各种试验的过程，而且应该坚持使试验早期进行，走在前面，以取得经验，指导全油田开发。

可以看出，详探阶段的主要任务是完整而深入地认识油层，包括静态情况和可能的动态情况研究。为了达到深入认识油层而又不耽误油层投入开发的时间，做到快速开发，必须正确处理好认识油层与开发油层的关系，针对不同油田的特点，明确提出详探阶段的任务和完成方法及要求。

详探及油田开发的准备阶段在油田勘探开发的整个程序中，构成一独立的不能忽视的阶段。它是保证油田能科学合理开发所必经的阶段。但是又必须考虑各阶段之间的衔接和交替，尤其详探阶段和正式开发阶段间的衔接和交替。大体上对于大型油田或高产油田，两个阶段应有明确分界，而对于复杂油田和小型油田（如断块油田），则不可能明确划分。详探任务和开发任务可能要相互交替和穿插，如井的布置要穿插进行，注采工程要穿插进行，等等。但是两个方面的任务却是应明确区分并应圆满地完成，而不是取消某一方面的任务或用一个阶段去代替另一个阶段。

五、油田开发的方针和原则

当找到有工业价值的油田之后，如何进行合理开发是很重要的。要根据国民经济和市场对石油产量的需求情况，从油田地下情况出发，选用适当的开发方式，部署合理的开发井网，对油层的层系进行合理的划分和组合。

（一）油田开发的方针

油田开发必须依据一定的方针来进行，开发方针的正确与否，直接关系到油田今后生产经济效果的好坏与技术上的成败。正确的油田开发方针是根据国家对石油工业的要求和油田长期的开发总结制定出来的。编制开发方案时不能违背这些方针。

编制油田开发方针应考虑以下几个方面的因素：

（1）采油速度，即以什么样的速度进行开发。

（2）油田地下能量的利用和补充。

（3）油田最终采收率的大小。

（4）油田稳产年限。

（5）油田开发经济效果。

（6）各类工艺技术水平。

（7）对环境的影响。

以上几个因素往往是相互依赖和相互矛盾的，在编制开发方针时应统筹兼顾，全面考虑。

（二）油田开发的原则

在编制一个油田的开发方案时，必须依照国家对石油生产的方针，市场的需求，针对所开发油田的实际情况、现有的工艺技术水平和地面建设能力，制定具体的开发原则与技术政策界限。这些原则从以下几方面做出了具体的规定：

1.规定采油速度

采油速度是指油田（藏）年产油量与其地质储量的比值。采油速度问题是一个生产规模问题，一个油田必须以较高的采油速度生产，但同时又必须立足于油田的地质开发条件和采油工艺技术水平以及开发的经济效果。油田不同，其规定也不同。标准是应使可采储量的相当大部分在稳产期内采出。

2.规定开采方式

在开发方案中必须对开采方式做出明确规定，利用什么驱动方式采油，开发方式如何转化，如弹性驱转溶解气驱，再注水、注气等。假如决定注水，应确定是早期注水还是后期注水以及注水方式。

3.确定开发层系

开发层系是由一些独立的，上下有良好隔层，油层性质相近、驱动方式相近的油层组合而成，具备一定储量和生产能力。它用独立的一套井网开发，是一个最基本的开发单元。当开发一个多油层油田时，必须正确地划分和组合开发层系。一个油田用几套层系开发，是开发方案中的重大决策，是涉及油田基本建设的重大技术问题，也是决定油田开发效果好坏的重要因素，必须慎重加以解决。开发层系的划分将在第三章中专门讨论。

4.确定开发步骤

开发步骤是指从部署基础井网开始，一直到完成注采系统，全面注水和采油的整个过程中所必经的阶段和每一步具体做法。合理的开发步骤要根据实际情况具体制定，通常应包含以下几个方面：

（1）基础井网的部署。基础井网是以某一主要含油层系为目标而首先设计的基本生产井和注水井，同时也是进行开发方案设计时，作为开发区油田地质研究的井网。研究基础井网，要进行准确的小层对比，做出油砂体的详细评价，提供进一步层系划分和井网部署的依据。

（2）确定生产井网和射孔方案。待油层对比工作完成后，根据基础井网，全面部署各层系的生产井网，依据层系和井网确定注采井井别并编制方案，进行射孔投产。

（3）编制注采工艺方案。在全面钻完开发井后，对每一开发层系独立地进行综合研究，在此基础上落实注采井别，确定注采井注采井段，最后根据开发方案编制出相应的注采工艺方案。

由上述可以看出，合理的开发步骤，就是如何认识油田和如何开发油田的工作程序。合理的、科学的油田开发步骤使得对油田的认识逐步提高，同时又是开发措施不断落实的保证。任何对合理开发步骤的偏离，都会导致对油田认识的错误和开发决策的失误。

5.确定布井原则

合理布井要求在保证采油速度的条件下，采用最少井数的井网，最大限度地控制住地下储量，以减少储量损失。对注水开发油田，还必须使绝大部分储量处于水驱范围内，保证水驱控制储量最大。由于井网问题是涉及油田基本建设的中心问题，也是涉及油田今后生产效果的根本问题，所以除了要进行地质研究外，还应用渗流力学方法，进行动态指标的计算和经济指标分析，最后做出开发方案的综合评价并选出最佳方案。

6.确定采油工艺技术

在开发方案中必须根据油田的具体地质开发特点，提出应采用的采油工艺手段，尽量采用先进的工艺技术，使地面建设符合地下实际，使增产增注措施能充分发挥作用。

此外，在开发方案中，还必须对其他有关问题做出规定，如层间、平面交替问题，稳产措施问题以及必须进行的重大开发试验等。

第二节　油田开发方式

一、利用天然能量开发

利用天然能量开发是一种传统的开发方式。其优点是投资少、成本低、投产快。只需按照设计的生产井网钻井，无需增加采油设备，石油依靠油层自身的能量就可流到地面。因此，它仍是一种常用的开发方式。其缺点是天然能量作用的范围和时间有限，不能适应油田较高的采油速度及长期稳产的要求，最终采收率通常较低。利用天然能量开发可分为以下4种方式：

（一）弹性能量开采

油层弹性能量的储存和释放过程与弹簧的压缩和恢复相似。油层埋藏在地下几百米至几千米的深处。开发前油层承受着巨大的压力，因此在油层中积蓄了一定的弹性能量。当钻井打开油层进行采油时，油层的均衡受压状态遭到破坏，油层岩石颗粒和孔隙中的液体因压力下降而膨胀，将部分原油推挤出来，流向井底喷至地面。随着原油的不断采出，油层中压力降低的范围不断扩大，压力降低的幅度不断增加，油层中的弹性能不断减少。一般的砂岩油藏，靠弹性能量仅能采出地下储量的1%～5%。

（二）溶解气能量开采

在日常生活中经常可看到这样一种现象：当打开汽水或啤酒瓶盖时，汽水或啤酒会随着气泡一起溢出瓶口。这是因为在制造汽水、啤酒时，加压使汽水、啤酒中溶解了一定数量的二氧化碳气体。当打开瓶盖时，瓶内压力下降，二氧化碳的溶解度减小，很快从汽水、啤酒中分离出来，同汽水、啤酒一起涌出瓶口。溶解气能量开采就是利用这个道理。打开油层开始采油后，油层压力降低。当其压力低于饱和压力时，在高压下原来溶解在原油中的天然气就分离出来，以自由的气泡存在。在向井底流动的过程中，由于压力越来越低，气泡体积不断膨胀，就沿着油层把原油推向井底。

在利用溶解气能量的开采过程中，由于气体比原油容易流动，往往是气体先溢出来。溶解在原油中的天然气量大幅度减少使原油变得越来越稠、流动性越来越差。当油层中溶解的天然气能量消耗完后，油层中还会留下大量的原油。因此，只依靠溶解气能量开采，一般只能采出原始储量的10%～20%。

（三）气顶能量开采

有些油田在油层的顶部有气顶存在。油田投入开发后，含油区的压力将不断下降。当这一压力降传递到气顶时，将引起气顶发生膨胀，气顶中的气体就会侵入储存原油的孔隙中，将原油驱向生产井井底。

（四）水压驱油能量开采

水压驱油分为边水驱动和底水驱动两种形式。无论是边水驱动还是底水驱动，地下油层必须与地面水源沟通，开采时才能得到外来水源的补充。如果油田面积小、水压驱动条件好、水的补给量与采出的液量平衡，那么在开采过程中油田的产油量和地层压力就可以在较长时间内保持稳定，可以获得较好的油田开采效果和较高的最终采收率。但实际中绝大多数天然水压驱动的油田，外界水源的补给都跟不上能量的消耗，因此开采效果都不很理想。

此外，如果油层具备倾角大、厚度大及渗透性好等条件，原油还可依靠自身的重力将油驱向井底。重力驱油作用往往与其他能量同时存在，但在多数情况下所起的作用不大。

从上面几种情况可以看出：依靠油层自身的天然能量可以采出一定的油量。在满足对石油产量要求的前提下，根据油层和油田的具体情况，可以利用某种天然能量进行开采。

二、保持压力开采

把原油从地下开采出来依靠的是油层内的压力。油层压力就是驱油的动力。在驱油过程中要克服各种阻力，包括油层中细小孔道的阻力、井筒内液柱的重力和管壁摩擦阻力等。油层压力能够克服所有这些阻力，原油才能从地下喷至地面，使生产正常运行。前面所介绍的依靠天然能量开采一般不能保持油层压力，油田不能长期高产、稳产和实现较高的采收率。在长期的油田开采实践中，人们找到了一种保持油层压力的方法，就是人为地向油层内注水、注气或注入其他溶剂，通过向油层输入外来能量的方式来保持油层压力。

（一）人工注水

人工注水就是在油田开发过程中，用人工的方法把水注入油层中或底水中，以保持或提高油层的压力。目前国内外油田采用的注水方式归纳起来主要有四种：边缘注水、切割注水、面积注水和点状注水。所谓注水方式就是注水井在油藏中所处的部位以及注水井与生产井之间的排列关系。

总的来说，一个油田的注水方式要根据国内外油田的开发经验与本油田的具体特点来确定。应针对不同的油田地质条件选择不同的注水方式。油层性质和构造条件是确定注水方式的主要地质因素。下面分别介绍各种注水方式的定义及其适用条件。

1.边缘注水

在边缘注水方式中，注水井排位于构造中油水边缘附近的等高线上，基本上与含油边缘平行。这样注水开发时可使油水前缘有一个良好的界面，让水向油区均匀推进，实现较高的采收率。

边缘注水方式适用于面积不大（油藏宽度不大于5km）、构造比较完整、油层稳定、边部和内部连通性好、油层的流动系数较高的油田。

世界上采用边缘注水开发方式比较成功的有苏联的巴夫雷油田。该油田的面积为80km²，平均有效渗透率是600mD，油层比较均匀、稳定。采用边缘注水方式后，油层的平均压力稳定在14～15MPa。在注水后的五年内，原油日产量基本上没有波动，并实现了很高的采油速度。

边缘注水方式的优点是油水界面比较完整，注入水逐步由外向油藏内部推进，因此比较容易控制注入水线，无水采收率和低含水采收率较高，最终采收率也很高。边缘注水方式也有缺点。由于井排布的遮挡作用，能够受效的生产井一般不超过三排。当油田较大时，其内部的生产井排难以受到注入水的影响。此外，部分注入水可能会发生外溢现象，从而降低注水效果。

2.边内切割注水

对于大面积、储量丰富、油层性质稳定的油田，一般采用内部切割行列注水方式。在切割注水方式下，注水井排将油藏分割成若干个相对独立的单元，每个单元称为一个切割区，可以看作独立的开发单元进行开发和调整。

采用边内切割注水方式的条件是：油层分布面积大，注水井排上可以形成比较完整的切割水线；每个切割区内布置的生产井与注水井之间有较好的连通性；油层具有一定的流动系数，以保证在切割区一定的井排距内，注入水能比较好地传递到生产井排。

实施切割注水时需要经历排液、拉水线和全面注水三个阶段。排液的目的是清除注水井井底周围油层内的污染物，在井底附近造成局部低压带。拉水线就是注水井排上一口井排液、一口井注水，在注水井排上首先形成水线。全面注水就是在拉水线的基础上，把注水井排上的排液井改为注水井，使注水井排上的水线向切割区内的生产井排推进。

国内外一些大油田采用边内切割注水方式取得了很好的开发效果。例如，罗马什金油田采用边内切割注水方式，效果很好，大部分油井保持了自喷生产。美国面积约为200km²的克利·斯耐德油田，初期依靠弹性能量开采，之后转为溶解气驱方式开采。为了提高采油速度和最终采收率，后来采用了边内切割注水方式，使油田由溶解气驱动改变成水压驱动。结果油层压力得到恢复，大部分油井保持了自喷。我国的大庆油田面积大，其中一些好油层的储量大、油层延伸长度大、油层性质好，占储量80%以上的油砂体都可以延伸到3.0km以上。这些油层采用边内切割早期注水的方式开采，现已取得了很好的开发效果。

边内切割注水方式的优点是：可根据油田的具体地质特征选择最佳的切割井排布形式、方向和切割距；可以根据开发期间认识到的油田更详细的地质构造资料，进一步调整为面积注水方式；切割区内生产井排受效情况比边缘注水方式好。

但是，这种注水方式也有其局限性。第一，不能很好地适应油层的非均质性。对于在平面上油层性质变化较大的油田，往往使相当部分的注水井处于低渗地带，造成注水效率不高。第二，同一切割区内，内排与外排生产井受注入水的影响不同，因而开采不平衡。外排井的生产能力大、见水快，而内排井的生产能力不易发挥。第三，注水井排两侧的地质条件不同时，会出现区与区之间的不平衡。

3.面积注水

将油层按照一定的几何图形划分成若干个单元，在每个单元的顶点和中心部位分别布置生产井和注水井，从而构成在整个含油区域内的面积注水方式。根据油井和注水井相互位置及构成的井网形状，面积注水可分为四点法、五点法、七点法、九点法、反九点法、正对式排状注水、交错式排状注水等。值得指出的是，不同国家甚至同一国家的不同油田，关于面积井网的命名方法可能会不同。一种是以注水井为中心包括周围的生产井而构成的注水网格来命名，在这个网格中一共有几口井就称为正几点井网，简称几点井网。另一种则以生产井为中心包括周围的注水井而构成的单元来命名。此处我们采用第一种命名方法。如将正井网中的生产井与注水井的位置对调而得的井网称为反井网。

早期进行面积注水开发时，注水井经过适当排液即可转入注水，并使油田投入全面开发。这种注水方式实质上是把油层分割成许多小单元。一口注水井控制一个单元，并同时影响周围的几口油井。而每口油井又同时在几个方向上受注水井影响。显然，这种注水方式的开发特点是采油速度较高，生产井容易受到注入水的充分影响、见水时间早。

采用面积注水方式的条件是：第一，油层分布不规则，多呈透镜状分布；第二，油层的渗透性差，流动系数低；第三，油田面积大，构造不够完整，断层分布复杂；第四，可用于油田后期的强化采油，以提高采收率；第五，虽然油田具备切割注水或其他注水方式的条件，但为了达到更高的采油速度，也可采用面积注水方式。

（二）人工注气

人工注气是在油田开发过程中，用人工的方法把气体注入油层中，以保持和提高油层压力。人工注气分为顶部注气和面积注气。顶部注气就是把注气井布置在油藏的气顶上，向气顶中注气以保持油层压力；面积注气是根据需要按某种几何形状在油田的一定位置上部署注气井与采油井，进行注气采油。

三、开发方式的选择

对于具体油田，开发方式的选择原则是：既要合理地利用天然能量又要有效地保持油藏能量，确保油田具有较高的采油速度和较长的稳产时间。为此，必须进行区域性的调查研究，了解整个水压系统地质、水文地质特征和油藏本身的地质—物理特征，即必须了解油田有无边水、底水，有无水源供给区，中间是否有断层遮挡和岩性变异现象，油藏有无气顶及气顶的大小等。

当通过预测及研究确定油田天然能量不足时，则应考虑向油层注入水、气等驱替工作剂。注入剂的选择与储集层结构及流体性质有密切关系。当储集层渗透率很低时，注水效果通常较差，油井见效慢。若储集层性质均匀，渗透性好，水敏性黏土矿物少，原油黏度低，注水开发效果就好。当断层或裂隙较多时，注入流体可能会沿断裂处窜入生产井或非生产层。因此，必须搞清断层的走向和裂隙的发育规律，因势利导，以扩大注入剂的驱替面积。

开发过程的控制，即开发速度也会对驱动方式的建立产生重大影响。开发速度过大，由于外排生产井的屏蔽遮挡作用，往往使内部油井见效受到影响，也可造成气顶和底水锥进、边水舌进，影响最终采收率。开发速度过小又满足不了对产量的要求。

实行人工注水、注气还要考虑注入剂的来源及处理问题。注水必然要涉及水质是否与储层配伍以及环保等问题。注入冷水、淡水可能会对地下温度、原油物性及黏土矿物产生影响，因而需要考虑是否要加添加剂、是否要进行加热预处理等。

显然，向油层注入驱替剂会增加油田前期的投资、设备和工作量。因此，需要对采取该措施所能获得的采收率和经济效益进行预测。

人们最初向油层注水，是当油田开采了相当长的时间，天然能量接近枯竭的时候，为了进一步采出油层中剩余的原油而进行的。这种做法称为晚期注水。在长期的油田开发实践中，人们发现保持油层压力越早，地下能量损耗就越少，能开采出的原油也就越多。于是就有意识地在油田开发初期向油层注水以保持压力，这种方法叫早期注水。目前，世界上许多油田都采用了早期注水。我国的大庆油田，在总结了国内外油田开发经验和教训的基础上，根据本油田的特点，在油田开发初期就采用了边内切割注水保持油层压力的开发方式。生产实践表明：由于油层压力保持在一定水平上，油层能量充足，油田产量稳定。

由于水的来源广、价格便宜，易于处理，而且水驱效果一般比溶解气驱等驱动方式好，我国有条件的油田都采用注水方式开发，并取得了显著的经济效益。但是，注水是我国现阶段科技水平的产物，今后有待于进一步发展。此外，为了实现有效注水，还应采取多方面的措施，尤其是工程工艺方面的措施，以提高水驱效果。

总之，人工保持油层压力的方法，要根据油田的具体情况来确定。

第三节　油田的驱动方式

驱动方式是指油藏在开采过程中主要依靠哪一种能量来驱油。在油田开发过程中，可能出现的驱油能量分为两大类。第一类为天然能量，包括油、束缚水和岩石的弹性能，溶解气的膨胀能，气顶气的弹性和气体压头，边底水的弹性和静水压头，原油本身重力，以及异常高压系统的再压实作用；第二类为人工补充能量，包括注入水的水力压头，注入气压头等。

由于油层的地质条件和油气性质上的差异，不同油田之间，甚至同一油田的不同油藏之间，它们的驱动方式是不同的。驱动方式不同，其开发方法和开发效果也就不同。因此，油田开发初期就必须根据地质勘探成果和高压物性资料以及开发之后所表现出来的开采特点，来确定该油藏属于什么样的驱动方式。另外，一个油田投入开发以后，其原来的驱动方式还会因开发条件的改变而变化，这就需要经常性地研究油田的生产特征，分析判断驱动方式的变化情况，以便正确而及时地确定其驱动方式。

油藏的驱动能量不同，开采方式则不同，从而在开发过程中产量、压力、生产气油比等重要开发指标就表现出不同的变化特征。它们是表征驱动方式的主要因素，所以可以从它们的变化关系判断驱动方式，反过来采油速度和总采液量也影响油藏的驱动方式。

一、驱动类型及其开采特征

（一）弹性驱动

弹性驱动是依靠油藏岩石及其中所含油和束缚水的弹性膨胀能来驱油。因此，产生弹性驱动的条件是：未饱和油藏的边水、底水不活跃，且没有实施人工注水或注气。弹性驱动油藏的采出程度很低，通常只有2%～5%。油藏开采时，油藏压力将不断下降，产油量也随之下降，但生产气油比保持不变

（二）溶解气驱动

在弹性驱动阶段，油藏压力不断降低。当油藏压力降至饱和压力以下时，便转变为溶解气驱动方式。随着压力的降低，原来溶解状态的气体分离出来，并发生膨胀和流动而将原油推向井底。

（1）溶解气驱油的作用表现在三个方面：①分离出来的溶解气占据部分孔隙；②随着压力降低气体发生膨胀；③当孔隙中含气饱和度大于气体的平衡饱和度时，气体发生流动。

（2）产生溶解气驱的条件是：①边水、底水不活跃，无气顶（或气顶很小）；②没有实施人工注水、注气；③油藏压力低于饱和压力。

（3）溶解气驱油藏的开发特点是：

①压力急剧下降。由于没有边水、底水、注入水及气顶气可用来占据被采出的原油所空出的空间，所以压力下降快。

②生产气油比初期略微下降，然后快速上升，达到最高值后又快速下降。

③原油产量不断下降，生产无水原油。随着压力的下降，气体的不断分离，导致气相渗透率急剧增加，油相渗透率急剧下降，原油黏度不断上升，因此原油产量将不断下降。

④原油采收率低。由于油中气的不断逸出造成油的黏度不断增加，油相渗透率急剧下降，使得原油在地层中的流动越来越困难，会增加地层能量的消耗，造成溶解气驱油藏的采收率较低，通常只有10%～20%。

（三）水压驱动

当油藏存在边水或底水时，则会形成水压驱动。水压驱动分为刚性水压驱动和弹性水压驱动两种。

1.刚性水压驱动

刚性水压驱动的驱动能量主要是边水、底水或人工注入水的水力压头。产生刚性水压驱动的条件是：油层与边水或底水相连通，油水区之间没有断层遮挡；水层有露头，且存在着良好的供水水源，与油层的高差也较大；油水层都具有良好的渗透性；或者实施人工注水，使得水侵入油层的速度等于采液速度。因此，该驱动方式下能量供给充足，其水侵量（注入量）完全可以补偿液体的采出量。

油藏进入稳定生产阶段以后，由于有着充足的边水、底水或注入水，能量消耗能得到及时的补充，所以在整个开发中地层压力保持不变。随着油的采出及当边水、底水或注入水推至油井后，油井开始见水，含水率将不断上升，产油量开始下降，而产液量可保持不变。开采过程中气全部呈溶解状态，所以生产气油比等于原始溶解气油比。其最终采收率可以达到35%～60%。

2.弹性水压驱动

弹性水压驱动主要是依靠含水区和含油区压力降低而释放出的弹性能量来进行开采。产生弹性水压驱动的条件是：

（1）含水区远大于含油区，边水活跃，但通常边水无露头，其活跃程度不能弥补采液量；

（2）有时虽有露头，但油层与供水区之间的连通性差，二者距离又远（如达50～100km），或存在断层、岩性变差的影响，致使水源供给不足；

（3）若采用人工注水，注水速度跟不上采液速度时，也会出现弹性水驱的生产特征。

弹性水压驱动的开采特征是：当压力降到封闭边缘之后，要保持井底压力为常数，地层压力将不断下降，因而产液量也将不断下降。由于地层压力高于饱和压力，因此不会出现脱气区，生产气油比保持不变。其最终采收率可以达到25%～50%。

通常，弹性水压驱动的驱动能量是不足的，尤其在开采速度较大的情况下，它很可能向着弹性——溶解气混合驱动方式转化。

（四）气压驱动

当油藏存在气顶且气顶中的压缩气为驱油的主要能量时为气压驱动。若对油藏进行人工注气，也可造成气压驱动。气压驱动可分为刚性气驱和弹性气驱。

1.刚性气压驱动

实际上，通常只有向地层注气，并且注入量足以使开采过程中的地层压力保持稳定时，才可能出现刚性气压驱动。在自然条件下，如果气顶体积比含油区的体积大得多，且构造完整、倾角大、厚度大及垂向渗透率高，使得开采过程中气顶或地层压力基本保持不变或下降很小，也可看作刚性气压驱动，但这种情况是非常少见的。

刚性气压驱动方式的开采特征与刚性水压驱动的开采特征相似。开发初期，地层压力、产量和生产气油比基本保持不变。当油气边界线推移至油井之后，油井开始气侵，气油比便会不断上升。其最终采收率可以达到25%~50%。

2.弹性气压驱动

当气顶体积较小而又没有进行人工注气时，随着开采的进行，气顶将不断膨胀，其膨胀的体积相当于采出原油的体积。虽然在开采过程中，由于压力下降将从油中分离出一部分溶解气，并且补充到气顶中去，但总的来说作用有限，所以气顶能量还是要不断消耗。即使减少采油量，甚至停止生产，也不会使地层压力恢复到原始状态。由于地层压力不断下降，产油量随之下降。同时，气体的饱和度和相对渗透率却不断增加，因此生产气油比也就不断上升。

3.重力驱动

依靠原油自身的重力将油驱向井底为重力驱油。通常情况下，在油藏开发过程中，重力驱油是与其他能量同时起作用的，但多数情况下，重力所起的作用不大。以重力作为主要驱动能量多发生在油田开发的后期和其他能量已枯竭的情况下，同时还要求油藏倾角大、厚度大及渗透率高。开采时，含油边缘逐渐向下移动，地层压力（油柱的静水压头）随时间而减小，油井产量在上部含油边缘到达油井之前是不变的。

二、复合驱动方式

如上所述，每一个油藏都存在着一定的天然驱动能量，这种驱动能量是可以通过地质勘探成果和原油的高压物性实验来认识的。油田投入开发并生产了一段时间以后，就可以根据不同驱动方式下的生产特征，来分析判断是属于哪一种类型的驱动能量。但是，在实际油藏的开发中，生产特征通常会表现出较为复杂的情形。在这种情况下，需要找出起主要作用的那种驱动方式。

此外，一个油藏的驱动方式不是一成不变的，它可以随着开发的进行和开发措施的改变而发生变化。

第四节　开发层系的划分与组合

世界上所发现的绝大多数油田是属于多油层或多油藏的。合理地划分和组合开发层系可以减少层间干扰，提高注入水的纵向波及系数。因此，开发层系的划分是开发多油层油田的一项根本性措施。

一个开发层系是由一些独立的、上下隔层良好、油层性质相近、驱动方式相近，具备一定储量和生产能力的油层组合而成。它用一套独立的井网开发，是一个最基本的开发单元。

一、划分开发层系的目的

一个油田地下的油层通常不是只有一个，而是有许多个油层，甚至十几层、几十层。每个油层的性质也并不相同，有的油层渗透性好、油层压力高、含油饱和度高；有的油层渗透性差、压力低、含油饱和度也低。如果不区别好与差，把这许多油层放在一起进行开采，就会造成有些层出油多，有些层出油少甚至不出油。如果需要对油田实施注水，将一口井所有的层放在一起不加区别地进行笼统注水，则在同一注水压力下，高渗透油层注进去的水量多、水沿着油层推进速度快、油层压力明显上升，形成高压油层。在采油井中，这种高渗透层的产量高、压力高、见水就早。而低渗透油层注进去的水量少、水推进速度慢，形成低压油层。反映在采油井中，低渗透层的产量低、压力低、见水晚。在同一口油井中，由于高渗透油层出油压力高，会使低渗透层的生产压差降低，使产油能力本来就差的低渗透油层的出油受到严重影响，甚至根本不出油，因为井底压力有时高于低渗透油层中的压力，在某些时候还会出现高压含水层的油和水向低压油层中倒流的现象，可能对低压层造成永久性伤害。这就是矿场上人们常说的见水层与含油层之间的倒流现象。因此，多层合采不能充分发挥每一个油层的作用，致使油井产量递减快、含水上升快，会影响油田的开发效果。

为了调动每一个油层出油的积极性，在开发一些地质储量极为丰富的多油层油田时，可以根据油层的性质划分为几个层系，对每一个层系都使用单独的井网分别进行开发。这种方式叫作划分开发层系。对每一套开发层系要采用与之相适应的开发方式和井网部署，以利于减少好油层与差油层之间的相互干扰，提高采油速度和采收率。

二、划分开发层系的原则

划分开发层系就是要把特征相近的油层组合在一起，用一套井网单独开采。那么具备什么特点的油层可组合在同一开发层系内呢?根据大庆油田在层系划分方面的试验研究，并总结国内外的经验教训，得出合理地组合与划分开发层系应考虑的原则是：

（1）同一层系内各油层的性质应相近，以保证各油层对注水方式和井网具有共同的适应性，减少开采过程中的层间矛盾。

（2）一个独立的开发层系应具有一定的储量，以确保达到较高的经济指标。

（3）各开发层系间必须具有良好的隔层，以便在注水开发的条件下，层系间能严格地分开，确保层系间不发生窜通和干扰。

（4）同一开发层系内油层构造形态、油水边界、压力系统和原油物性应比较接近。

（5）应考虑当前的采油工艺技术水平。在分层开采工艺所能解决的范围内，应避免划分过细的开发层系，以减少建设工作量，提高经济效益。

（6）同一油藏相邻油层应尽可能组合在一起。

综上所述，开发层系的科学合理划分是油田开发的基本部署，必须努力做好。开发层系的划分应在详细研究油田和油层特征的基础上进行。如果划分不合理或出现差错，将会给油田开发造成很大的损失，将投入巨资进行油田建设的重新设计和部署。

三、划分开发层系的步骤

开发层系的划分涉及油田的总体部署，包括油田的地面建设设计和部署，一旦失误就会造成很大的浪费和后患，这种教训国内外皆有，不可掉以轻心。

根据我国具体的油田开发实践，在进行非均质多油层层系划分时，采取以下步骤进行研究：

（1）研究油砂体特性及对合理开发的要求，确定开发层系划分与组合的地质界限。我国油田开发实践表明，我国陆相沉积油层含油最小的基本单元为油砂体。因此，通过分层对比，定量确定特性参数后，应查明油砂体的大小，以此为核心，进行储油层研究。在研究时，应注意：

①分析油层沉积背景、沉积条件、类型和岩性组合（研究以油层为单元）。通常油层沉积条件相近，油层性质也就相近。在相同井网、注水方式下，开采特点也大体一致。故将沉积条件相近的油层组合成一套井网进行开发。

②研究油层内的韵律性，以便细分小层。

③从油砂体研究入手，来认识油层分布形态和性质。油砂体是控制油水运动的基本单元。在详探阶段，井数较少，可以油层组为单元，从统计油层有效厚度、渗透率、岩性等资料入手，研究油层性质及其变化规律，了解各类不同延长度和不同分布面积油砂体所控制的储量，不同等级渗透率油砂体所控制的储量，主要砂体性质及其差异程度，不同开发层系组合的可能性，各类油层分布的稳定性，并对此做出评价。

油田开发初期，井数少，所研究结果与实际情况会有偏差，采用概率分析是必要的。同时，研究的结果今后还应参照实际情况予以修正。

（2）通过单层开采的动态分析，为合理划分层系提供生产实践依据。从油井的分层试油、试采，尤其是分层测试等，了解各小层的生产能力、地层压力及其变化。

应用模拟法、水动力学法、经验统计法等，确定各小层的采油指数与地质参数之间的相互关系。

根据油砂体的工作状况，及其所占储量的百分比、采油速度、采出程度等，可对层系的划分做出决断。

（3）确定划分开发层系的基本单元。根据开发层系划分的原则，确定开发单元。该单元既可独立开发，也可几个组合在一起作为一个层系开发。因此，每个单元的上、下隔层必须可靠，具有一定的储量和生产能力。

（4）综合对比不同层系组合的开发效果，选择最优的层系划分与组合方案。在层系划分及组合以后，必须采用不同的注采方式及井网，分油砂体计算其开发指标，综合对比不同的组合方式下的开发效果，从开发要求出发，确定最优方案。其主要衡量的技术指标是：

①不同层系组合所能控制的储量；②所能达到的采油速度、分井生产能力和低产井所占百分数；③无水期采收率；④不同层系组合的钢材消耗及投资效果等指标。

四、影响开发层系划分的因素

（1）由于油藏地质条件和油层物理及油藏流体性质的差异，开发、采油工艺技术及地面环境的情况等都会影响开发层系的划分，主要包括下面几点：

①储层的物理性质；

②石油和天然气的物理化学性质；

③怪类相态和油藏驱动类型；

④油田开发过程的管理条件；

⑤井的开采工艺和技术；

⑥地面环境条件。

（2）多油层油田如果具有下列地质特征时，不能够用一套井网开发：

①储层岩性和特性差异较大，如泥岩和砂岩；

②油气的物理化学性质不同，如高黏、低黏；

③油层的压力系统和驱动方式不同；

④油层的层数太多，含油井段过长。

当油田以一定井网和开发方式投产后，通过开发实践，取得大量动、静态资料后便可发现油田开发还会出现这样或那样的矛盾，这时需要对采用的开发层系适应性做进一步的调整。

总之，开发层系的划分是由多种因素所决定的，采用的方式及步骤也应因时因地而异。因此，应在总的开发原则指导下，不墨守成规，勇于开拓，以优化的方法来完成这一任务。

第五节　油田开发井网部署

油田开发的中心环节就是要分层系部署生产井网，并使该井网井距合理、对油砂体的控制合理，达到所要求的生产能力。在油田开发所涉及的诸多问题中，人们最关心的问题之一就是井网问题，因为油田开发的经济效果和技术效果在很大程度上取决于所部署的井网。在这个问题上，目前虽有许多理论研究成果，也有许多实际油田开发经验的总结，但仍在不断对其进行研究。

一、影响井网密度的因素分析

井网密度是油田开发中影响开发技术经济指标的重要因素之一。油田所处的开发阶段不同，其井网密度会发生变化。井网密度主要受以下因素的影响：

（1）地层物性及非均质性：这里主要是指油层渗透性的变化，尤其是各向异性的变化，它控制着注入流体流动方向。对于油层物性好的油藏，由于其渗透率高，单井产油能力就较高，其泄油范围就大，这类油藏的井网密度可适当稀些。据现场资料统计，具有一定厚度的裂缝性灰岩、生物灰岩、物性较好的孔隙灰岩、裂缝性砂岩和物性好的孔隙砂岩，生产层的产能都比较高，井距可取1～3km；物性较好的砂岩，井距一般取0.5～1.5km；物性较差的砂岩井距一般取小于1km。

（2）原油物性：这里主要是指原油黏度。根据苏联伊凡诺娃对65个油藏的研究表明，生产井井数对原油含水率影响很大——在采出等量原油的情况下中，井网越密，原油的含水率就越低；原油黏度越大，原油的含水率就越高。井网密度对低黏度原油的开采影响不大。因此，对于高黏度油的油藏，应采用密井网开采；对低黏度油的油藏，用少数井开采即可，但这不宜用于油层不稳定（不连续）的油藏。

（3）开采方式与注水方式：凡采用强化注水方式开发的油田，井距可适当放大些，而靠天然能量开发的油田，井距应小些。

（4）油层埋藏深度：浅层井网可适当密些，深层则要稀些，这主要是从经济的角度来考虑。

（5）其他地质因素：如油层的裂缝和裂缝方向，油层的破裂压力，层理、所要求达到的油产量等都有影响。其中裂缝和渗透率方向性、层理主要影响采收率，而其他因素则影响到采油速度及当前的经济效益。

此外井网密度还与实际油田开发过程中油层钻遇率及注采控制体积有关。

二、开发井网的部署原则

生产井的井网密度和部署是否合理，对整个油田开发过程的主动性和灵活性影响很大。确定合理井网首先应从本油田的油层分布状况出发，综合运用油田地质学与流体力学、经济学等方面的理论和方法，分析不同布井方案的开发效果，以便选择最好的布井方案。

（一）合理的尺度

一个油田井钻得越多，井网越密，则井网对油层的控制程度越高，对实现全油田的高产、稳产和提高采收率就越有利。因此，合理的布井方式和井网密度应该以提高采收率为目标，并在此基础上，力争较高的采油速度和较长的稳产时间，以达到较好的经济效果。它衡量的尺度是：

（1）最大限度地适应油层分布状况，控制住较多的储量。

（2）所布井网在既要使主要油层受到充分的注水效果，又能达到规定的采油速度的基础上，实现较长时间的稳产。

（3）所选择的布井方式具有较高的面积波及系数，实现油田合理的注采平衡。

（4）选择的井网要有利于今后的调整与开发，在满足合理的注水强度下，初期注水井不宜多，以利于后期补充钻注水井或调整，提高开发效果。此外，还应考虑各套层系井网很好地配合，以利后期油井的综合利用。

（5）不同地区油砂体及物性不同，对合理布井也就要求不同，应分区、分块确定合理密度。

（6）在满足上述要求下，应达到良好的经济效果，包括：投资效果好，原油成本低，劳动生产率高。

（7）实施的布井方案要求采油工艺技术先进，切实可行。

当然，在具体布井时，当需要考虑到某些情况，如断层、局部构造、井斜、油藏构造、地表条件（障碍物、居民点、森林、街道、铁路、河流等）、气顶分布情况、边水位置等时，往往要造成井网的变形，井位的迁移和变更。

应该指出，产层的非均质性往往在编制开发设计和工艺方案时，不可能全部搞清并把油田特点全部考虑进去。为此，对非均质油层合理开发方法是分阶段地布井和钻井。

第一阶段按均匀井网部署生产井和注水井。这套井网对相对均质油层条件是合理的，并能保证完成最初几年必需的产油量，保证油层主体部分得到开发。这批井又称基础井网。一旦取得这批井钻井成果、地球物理和水动力研究资料和开采所提供的有关油层非均质代表性综合资料后，即可着手改善井的布置。

第二阶段的井称为储备井或补充井，它只在需要的地方进行钻井，以使开发获得更大的波及体积。主要使未开采或开采较差的油区或油层投入生产，从而达到提高采收率的目的，使开发过程得到更好的调整，油田稳产期更长。

储备井所需井数与油层非均质程度、油水黏度比、基础井井网密度有关。井数的范围可变化很大，从基础井数的百分之几直至与基础井数相当，甚至更大。

研究表明，在基础井较稀的条件下，通过钻补充井，增加新的注入线或一些点注入，可使油层开采强度低的地区投入开发。这样做，最终井数不变，但比开发初期一开始用较密井网能取得更高的产量和采收率。

（二）加密井网常用的方法

在美国，大多采取布井后先采油再选择水井的做法：反九点法注水→五点法→加密井网→三次采油。在俄罗斯，采用两期布井，初期是较稀的均匀井网（称为基础井网），第二期布后备井网。根据稀井网的地质资料和开采动态资料，详细搞清油层纵向上平面上的储量动用情况，针对剩余油饱和度分布，部署加密井，调整注采系统。后备井的加密在开发第二阶段和第三阶段早期进行，强调不均匀布井。

在开发过程中加密井网常用的方法是：

（1）应用数值模拟拟合历史动态，搞清目前含油饱和度和含水饱和度分布，预测其发展趋势，针对性地加密布井。

（2）全油田加密井前，先做小型试验，以取得加密方案的可行性及其技术经济效果。

（3）同一油田，在油层发育好的部位井网密，油层较差部位井网稀，这是国外加密井的一般准则，如杜依玛兹油田，中部为 $0.12 \sim 0.14 km^2/$口，边部 $0.3 km^2/$口。

（4）钻加密井的时机，对最终采收率关系不大，但从发挥效用而言，早一点好。

（5）发展水淹层和剩余饱和度的测井技术。这是加密井射孔的一项关键技术，掌握此技术可达到事半功倍的效果。

三、基础井网开发目的层的选择

在全面布置各层系开发井网之初，先选定一个分布稳定、产能高、有一定储量，已由详探井基本控制住并具有独立开发条件的油层作为主要开发对象，布置它的正规开发井网，这样就能保证该套生产井网担负起对本开发区内其他层组的研究任务。这套井网就叫作该开发区的基础井网，主要油层可以按照此基础井网进行开发。而其他含油层系可以按此井网所取得的地质生产资料进行开发设计。这样就能保证在充分认识油层的基础上布井，使井网的布置能很好适应地层的实际情况。

基础井网是开发区的第一套正规生产井网。它的开发对象必须符合以下条件：

（1）油层分布比较均匀稳定，形态易于掌握；

（2）基础井网能控制该层系的80%以上的储量；

（3）上下具有良好的隔层，以确保各开发层系能独立开采，其间不发生窜流；

（4）有足够的储量，具备单独布井和开发的条件；

（5）油层渗透性好，油井有一定的生产能力。

四、基础井网研究

基础井网的布井方案可以有多个。对于每一个方案，需要预先对其指标进行理论计算，根据计算结果可以对比各类开发指标，从而确定出最佳的基础井网布井方案。

基础井网研究的任务是根据所取得的全开发区的资料对本开发区的地质情况进一步深入研究，全面解剖，再根据资料和研究结果布置全开发区各层系的开发井网。

地质研究工作要分油砂体进行解剖、分类、排队，深刻认识油层的分布特征。油砂体分析的主要内容是：

（1）油砂体的延伸长度和分布面积与控制储量的关系；

（2）油砂体的平均有效渗透率及其与控制储量的关系。

五、油田开发布井方案

布井方案是油田开发设计中最主要的方案。它应在综合应用详探、开发试验和基础井网等多方面资料的基础上，立足于本油田的实际地质情况、生产实践经验和室内实验结果，确定出适合于本油田的开发方式、层系划分、注水方式和井网布置。这样的方案往往不止一个，而是许多个。因此，对每一种布井方案都要进行研究，研究油层对该井网的适应程度，研究各项生产指标及其变化规律以及各项技术经济指标等。

制定布井方案要按下列步骤进行：

（1）划分开发层系。在进行油砂体和隔层研究的基础上，划分开发层系，确定本开发区采用几套井网独立开发，然后对每一层系单独布井。

（2）确定油水井数目。有了油井数目以后，还应确定注水井的数目。注水井数应根据所采用的注水方式而定，一般是油井数的1/3 ~ 1/2。

（3）布置开发井网。在确定了井网密度之后，根据已取得的本开发区每一开发层系的各油砂体的大小、延伸范围、分布情况及储量大小等资料合理布置注采井网，以便尽量多地控制住地下储量，减少储量损失。

（4）开发指标计算和经济核算。对每一种布井方案进行开发指标预测和分析，比较不同布井方案的技术和经济指标之间的差异。

六、确定最佳方案

对每一个布井方案都应综合进行地质研究、开发指标预测和经济分析。在不同的布井方案中，各项指标很不一样，有的是这一方面优越，有的是另一方面优越，当对各项指标都进行了计算和分析后，就可以进行对比，选取其中的最佳方案。

第六节　钻井类型的选择

目前，我国的油气井以钻成直井为主。与定向井和水平井相比，直井可以减少钻井事故，易下套管和满足采油气工艺的要求等。但是，生产实际又迫使人们面对复杂的环境和客观的需要。例如，在崇山峻岭钻井，地形复杂，在山顶钻井需要更多的钻井进尺和套管，还需修建山路，需要增加大量的投资。又如在茂密的森林、浩瀚的海洋、现代化的城市下存在油气藏，钻直井必然毁坏地面资源、建筑物，建立更多昂贵的钻采平台等。因此，人们就提出了钻定向井和丛式井的需要。

一、定向井及用途

通常，钻一口定向井，其由几个部分组成。开始是钻直井，至某一深度后，开始定向造斜。井眼中开始定向造斜的位置称为造斜点，井眼轴线上任一点的切线与通过该点的重力线之间的夹角，称为该点处的井斜角。在造斜点以下，井斜角随着井深而增加，该段称为增斜段。然后，井斜角保持不变，该段称为稳斜段。再后，井斜角随着井深增加而逐渐减少，经一降斜段后又进入直井段。最后，钻达设计规定的地层位置，称为目标点。该目标点常用地面井口为坐标原点的空间坐标系中的坐标值表示。

实际上，定向井根据需要，井身剖面可以设计成多种形式，它可由钻井目的和地质要求等具体情况而定。

在定向井的基础上，发展了钻丛式井的技术。在海洋的一个钻采平台上或陆地的一个井场上，可以钻多达几十口的定向井。此外，定向井还可以实现多目标钻井。例如，在断块油田上，钻一口定向井可以穿过非垂直剖面上多套含油、气层系（多个目标），起到一口井相当于多口直井的作用，实现很好的经济效益。

二、水平井及用途

由于开发底水油田的需要，又在钻定向井和丛式井的基础上，发展了水平井钻井技术。后来，水平井技术被推广到裂缝性油藏、薄层油藏、非均质油藏等，获得了比直井更高的产量、采收率及更高的经济效益。

与直井相比，水平井具有更大的渗滤面积，它类似于排液道，改变了直井渗流流线密集于井点的状况，使油水界面前缘能够更均匀地推进，因此可以提高采收率。但是，对于一个具体的油藏，需要多长的水平段、水平井在储层中处于何位置，才能获得最佳的产量及最好的驱油效率，这需要采用水动力学和采油工艺方面的计算才能回答。

将水平井技术与丛式井技术结合起来，可进一步改善地面分散的集输条件，降低成本。目前，有三种钻水平井的方法，可供选择：

（1）采用专门的柔性装置以增大斜率钻侧向的水平井。造斜率为（4° ~ 10°）/m，曲率半径为6 ~ 15m，水平段最大可达300m。这种方式的钻井尤其适用于老油田。

（2）应用改进的常规装备钻水平井。造斜率为（6° ~ 25°）/10m，曲率半径为100m，水平段最大可达500m。

（3）使用常规定向设备，以大曲率半径钻水平井，造斜率为（5° ~ 16°）/100m，曲率半径为300 ~ 600m，水平段最大可达3000m。

水平井完井方法基本上与直井相同。钻水平井的成本是直井的1.2 ~ 1.5倍。

在进行油田开发设计时，必须考虑目前钻井技术的发展水平以及油田地面及地下的实际情况，精心设计，制定出多种方案，通过综合分析与对比，筛选出最佳的方案并实施，才能开发好油田。

第七节　油田开发调整

无论采用什么开采方式、井网系统、层系划分和驱动类型投入开发的油田，为了达到延长稳产期，改善开发条件和提高采收率的目的，都需选择适当的时机，进行必要的开发调整工作。

一、层系调整

对于多油层油田通常要划分开发层系，各层系采用不同的井网进行单独开发，从而减缓开采过程中的层间矛盾，改善开发效果，提高油藏开发的经济效益。但是，在油田开发过程中，每个层系的各个单层之间由于注采不均衡会产生新的矛盾。为了更合理地进行开发，需要进一步划分开发层系。此时有两种划分方法：

（1）将每个开发层系进一步划分为若干个开发层系。

（2）把相邻的开发层系中开发得较差的单层组合在一起，形成另一个独立的开发层系。此处应另起空两格这两种方法统称为层系细分。在层系细分时仍然遵循层系划分的原则，但应避免经济上无利的层系细分。

二、井网调整

井网问题是油田开发中人们最关心也是讨论最多的问题之一。因为油田开发的经济效益和技术效果在很大程度上取决于所部署的井网。在这个问题上，有许多理论研究的成果，也有许多实际油田开发经验的总结，但迄今为止还未形成定论，仍在不断研究之中。目前，研究者将主要精力放在提高产量、采收率和经济效益上。

在人工注水开发油田时，一些规模较小、层系比较简单的油藏可以采用以边外注水为主的开发方式，而对规模较大的和复杂的油田需要采用切割或面积注水为主的开发方式。

井网密度问题，应当从经济和地质因素两个方面考虑。如果油藏是一个均质各向同性的储集层，则随着井网密度的增加，会加剧井间的干扰，从而降低了增加井数的增产效果。

加密钻井进行井网调整，将会有更多的储量直接受到水驱的影响，使开发较差的油砂体的开发效果得以改善。

由于地下油藏各层的分布和参数的变化情况，在开发前基本不清楚，而在钻完第一批开发井和投入生产以后，也不能完全搞清楚。因此，井网布置和加密钻井的布置，建议采用均匀方式布井，但是对于某些断块和岩性油藏可以灵活布井。

由于在油田开发初期，往往采用较稀的井网来开发储量比较集中、产能较高的一些层位，因此用加密井来进一步划分开发层系和更好地开发那些水驱较差的油层是必要的。井网和层系的调整一般在含水上升较快和产量下降时进行。

大量的矿场实践证明：只要在油井见水后继续生产到含水极限（例如98%）时，水驱油的面积波及系数接近80%，而垂向波及系数则在40%~80%。因此，在高含水情况下通过钻加密井的方式来提高体积波及系数是没有太大效果的，此时的重点应放在改善垂向波及系数上，采用调剖技术调整吸水剖面，并与聚合物改善驱油效率相结合。

三、驱动方式调整

根据油藏的地质条件建立技术上有效、经济上可行的驱动方式时，也要考虑产量的要求。研究这个问题时，要考虑充分利用天然能量的可能性。例如，我国的雁翎油田，当采油速度低于4%时，边底水就可以提供足够的天然能量。

如果开发初期证明油藏的边水比较活跃，对于油层组成比较单一的油藏可以先不考虑注水。后期为了更好地开发那些与边水连通较差的层位时，才调整为内部注水的开发方式。对于底水油藏，向底水部位注水比在油藏内部注水的效果好。

对于未饱和油藏，可以先利用弹性能量开采，在地层压力降至饱和压力之前再调整为注水开发方式不会有什么问题。对于油藏压力接近或等于饱和压力的油藏，开发时溶解气就会从原油中分离出来。在这种情况下，只要在储集层中的含气饱和度低于气体开始流动的饱和度以前开始注水，仍可得到比较好的效果。这一饱和度可以作为开始注水的界限，也可以作为保持油藏压力的下限。

四、工作制度调整

这里介绍的工作制度调整，指的是水驱油的流动方向及注入方式的调整，如周期注水、水气循环交替注入等。调整水驱油的流动方向，对有裂缝的油田特别重要。水驱油的方向与裂缝延伸的方向互相垂直时，水驱油效果最好。例如，我国的扶余油田是一个裂缝性油藏。由于布井时对地质情况认识上的不足，初期采用九点井网进行开发，开发效果较差。后来将井网调整为正对式排状注采井网，并把注水井排布得与裂缝方向一致。井网调整后，油田开发效果得到了明显的改善。

间歇注水已在国内外得到了较为广泛的应用。其方法是注一段时间的水后，停注一段时间，或间歇改变注入量，对油层施加脉冲作用。在停注期间，注入井与生产井附近的地层压力降低，首先是高渗透层段和裂缝中的压力降低，这样在低渗透层段与高渗透层段间就会形成压差，在此压差作用下低渗透层中的油就被驱替到高渗透层或裂缝中，并在一个注水周期中被驱替到生产井中，因而使低渗透层带的注水受效，扩大低渗透层带的注水控制面积，提高低渗透层、非均质层中的原油采收率。

理论和实践表明：当油藏岩石为油湿时，水气循环交替注入或混合注入也能提高采收率。五、开采工艺调整

对于溶解气驱开发的油田，随着油藏压力的下降，油藏的能量将不能把油举升至井口，需要进行人工举升。而在注水的水驱油田中，随着开发的进行，含水率不断上升，井底流动压力也不断升高，生产压差将不断降低，井的产量将不断下降，到某一时刻也同样需要实施人工举升来降低井底流动压力，以提高油井产量。但是，以上两种情况之间是有区别的，前者是补充能量的不足，后者则着眼于提高排液量。我国大部分油田主要是后一种情况，可以采用管式泵、电潜泵和水力活塞泵来满足提高排液量的需要。

此外，随着油田的开发，生产井排液量不断提高，需要根据注采平衡的要求进行注水调整，包括增加注水井点和提高注入压力等。

第八节　油田开发指标

在油田开发过程中，根据实际生产资料统计出的一系列说明油田开发情况的数据称为开发指标。可以利用开发指标的大小和变化情况对油田开发效果进行分析和评价。

一、产量方面的指标

产量方面的指标主要有以下几项：

（1）日产能力。油田内所有油井（除了计划暂闭井和报废井）每天应该生产的油量总和叫油田的日生产能力，单位为t/d。

（2）日产水平。油田的实际日产量叫日产水平，单位为tv/d。

日产能力代表应该出多少油。但由于各种因素实际上并没有产出预算的油。日产能力和日产水平的差别越小，说明油田开发工作做得越好。

（3）折算年产量。折算年产量是一个预计性的指标，即根据今年的情况预计明年的产量，根据折算年产量制订下一年的生产计划。对于老油田，还要考虑年递减率。

（4）生产规模。所有油田生产能力的总和乘以采油时率（某一时段内的有效生产时间）就是生产规模。

（5）平均单井产量。油田实际产量除以实际生产井的井数得到平均单井产量。

（6）综合气油比。综合气油比是实际总产气量与实际总产油量之比，单位为m³/t，表示油田天然能量的消耗情况。

（7）累积气油比。累积气油比是累积产气量与累积产油量之比，表示油田投入开发以来天然能量总的消耗情况。

（8）采油速度。采油速度是指年采出油量与地质储量之比，它是衡量油田开采快慢的指标。采油速度可分为油田采油速度、切割区采油速度、排间采油速度和油井采油速度，通常用百分数表示。只要把目前日采油量或月采油量折算成年采油量，就可以算出采油速度。正常生产时间要除去测压、维修等关井时间。

（9）采出程度。采出程度是指油田某时刻累积采油量与地质储量之比，反映油田储量的采出情况，用百分数表示。

（10）采收率。油田采出来的油量与地质储量的比值称为采收率。油井未见水阶段的采收率叫无水采收率。无水采收率等于油井见水之前的累积采油量与地质储量之比。油田开发结束时达到的采收率叫最终采收率。最终采收率等于开发终结时的累积采油量与地质储量之比。最终采收率是衡量油田开发效率的指标，受许多因素影响。只要充分发挥人的主观能动性，采用合理的开发方式和先进的工艺技术，就能提高采收率。

（11）采油指数。采油指数是指单位生产压差下的日产油量，单位是 $t/(d \cdot MPa)$。采油指数的变化表明油田驱动方式的改变。

二、有关水的指标

有关水的指标有以下几项：

（1）产水量。产水量表示油田出水的多少。日产水量表示每天出多少水。累积产水量是指油田从投入开发以来一共出了多少水。单位：m^3 或 $10m^3$。

（2）综合含水率。综合含水率是指产水量占油水混合总产量的百分比，表示油田出水或水淹的程度。

（3）注入量。一天向油层注入的水量叫日注入量，一个月向油层注入的水量叫月注入量。从注水开始到目前注入的总水量叫累积注入量。

（4）注入速度。注入速度等于年注入量与油层总孔隙体积之比。

（5）注入程度。注入程度等于累积注入量与油层总孔隙体积之比。

（6）注采比。注入量与采出量之比叫注采比。采出量是指采出油、气、水的地下体积。

（7）水驱油效率。水淹油层体积内采出的油量与原始含油量之比叫水驱油效率。

（8）吸水指数。单位注水压差下的日注水量叫油层的吸水指数。反映油层的吸水能力。

（9）注水强度。注水井单位有效厚度油层的日注入量叫注水强度，单位为$m^3/(d \cdot m)$。注水强度是否合适直接影响油层压力的稳定。利用注水强度可调节含水上升速度。

（10）水油比。水油比是指产水量与产油量之比，单位为m^3/t，表示每采出一吨油要采出多少水。

（11）含水上升率。油田见水后，每采出1%的地质储量含水率上升的百分数称为含水上升率。它反映不同时期油田含水上升的快慢，是衡量油田注水效果的重要指标。

（12）注水利用率。注水利用率表示注入水中有多少留在地下起驱油作用，用以衡量注水效果。

三、压力和压差方面的指标

压力与压差方面的指标有以下几项：

（1）原始地层压力。开发前从探井中测得的油层中部压力称为原始地层压力，用以衡量油田的驱动能量和油井的自喷能力。原始地层压力一般随油层埋藏深度的增加而增加。油层投入开发以后，由于地层压力发生变化，原始地层压力无法直接测量，可以根据油层中部深度计算。

（2）目前地层压力。油田投入开发以后，某一时期测得的油层中部压力，称为该时期的目前地层压力。

（3）静止压力。油井关井后，压力恢复到稳定状态时所测得的油层中部的压力称为静止压力，也叫油层压力，简称静压。在油田开发过程中，静压是衡量地层能量的标志。静压的变化与注入和采出的油、气、水体积有关。

如果采出体积大于注入体积，油层产生亏空，静压就会比原始地层压力低。为了及时掌握地下动态，油井需要定期测静压。

（4）折算压力。大多数油田由许多油层组成，有的埋藏深、压力高，有的埋藏浅、压力低。由于每口井油层中部的海拔不一样，计算出的同一油层的原始地层压力有高有低。仅仅根据实测压力不能进行井与井的对比、研究油田动态变化。为了便于井之间的压力对比，把所有井的实测压力折算到同一海拔高度，这种折算后的压力叫作折算压力。

（5）流动压力。油井正常生产时所测得的油层中部的压力称为流动压力，简称流压。流入井底的油是依靠流动压力举升到地面的。流压的高低直接反映油井的自喷能力。

（6）饱和压力。在油层高压条件下，天然气溶解在原油中。原油从油层流至井口的过程中压力不断降低。当压力降到一定程度时，天然气就从原油中分离出来，对应的压力就叫饱和压力。对于油田开发来说，油田的饱和压力低，就可以使用较大的油嘴放大生产压差开采，地层内不易脱气，因此大大提高了油井产量和油田的采油速度。但不利的是，饱和压力低的井自喷能力较弱。

（7）油管压力。油气从井底流到井口后的剩余压力称为油管压力，简称油压。油压可以借助于井口的油压表测出。油压的大小取决于流压的高低，而流压又与静止压力的大小有关，因此可以根据油压的变化来分析地下动态。

（8）套管压力。套管压力表示油气在井口油套管环形空间内的剩余压力，又叫压缩气体压力，简称套压。在油井脱气不严重的情况下，套压的高低也表示油井能量的大小。油压和套压可以比较直观地反映出油井的生产状况。在油井的日常管理中，要及时、准确地观察和记录油压、套压，并分析其变化原因。

（9）回压。下游压力对流动的上游压力来说都可以看成是回压。回压是流体在管道中的流动阻力造成的。矿场上所说的回压通常是指干线回压，是出油干线的压力对井口油管压力的一种反压力。回压还与管径、管子的长度、流体黏度、温度等因素有关。

（10）总压差。原始地层压力与目前地层压力的差值叫总压差。对于依靠天然能量开发的油田来说，总压差代表能量的消耗，所以目前地层压力总是低于原始地层压力的。对注水开发的油田来说，是在注水保持地层压力的情况下进行开发的，目前地层压力往往保持在原始地层压力附近。当注入量大于采出量时，目前地层压力超过原始地层压力。当注入量小于采出量时，地层产生亏空，使目前地层压力低于原始地层压力。

（11）采油压差。油井关井时，油层压力处于平衡状态。当油井开井生产后，井底压力突然下降，由于油层内的压力仍然很高，就形成压力差。该压力差叫作采油压差，又称为生产压差或工作压差。在相同的地质条件下，采油压差越大，油井的产量越高。但在地层压力一定的情况下，当采油压差大到一定程度，即流动压力低于饱和压力时，井底甚至油层中就会脱气、出砂、气油比上升，油井产量不再增加或增加很少。这对合理采油，保持油井长期稳产、高产很不利。因此，必须根据采油速度和生产能力制定合理的采油压差，不能任意放大。

（12）注水压差。注水井井底流动压力与注水井目前的地层压力之差称为注水压差。

（13）流饱压差。流动压力与饱和压力的差值叫流饱压差。流饱压差是衡量油井生产是否合理的重要条件。当流动压力高于饱和压力时，原油中的溶解气不会在井底分离出来，生产气油比就低。如果流动压力低于饱和压力，溶解气就会在油层里分离出来，生产气油比就高，致使原油黏度增高、流动阻力增大，影响产量。因此，要根据油田的具体情况，规定在一定的流饱压差界限内采油。

（14）地饱压差。目前地层压力与饱和压力的差值称为地饱压差。地饱压差是衡量油层生产是否合理的重要标准。如果油田在地层压力低于饱和压力的条件下生产，油层里的原油就要脱气，原油黏度就会增高，严重时油层就会结蜡，从而降低采收率。所以在这种条件下采油是不合理的。一旦出现这种情况，必须采取措施调整注采比，以恢复地层压力。

（15）流压梯度。流压梯度是指油井正常生产时每米液柱所产生的压力。选不同两点测得的压差与距离之比即为流压梯度。用它可以推算出油层中部的流压。根据流压梯度的变化，还可以判断油井是否见水，见水油井的流压梯度会增大。

（16）静压梯度。静压梯度是指油井关井后，井底压力恢复到稳定时，每米液柱所产生的压力。静压梯度可以用来计算静压。

第三章
页岩储层改造技术

第一节　页岩储层概述

一、地质及构造特征

目前，我国已进入勘探开发的页岩区块大部分分布在南方的四川盆地及其周缘地区。从构造位置上来看，此区块隶属于扬子板块，沉积了从震旦纪到中三叠世的海相地层，其中共发育5套黑色页岩层系，分别是上震旦统的陡山沱组、下寒武统的牛蹄塘组、上奥陶–下志留统的五峰–龙马溪组、下石炭统及上二叠统的龙潭组和大隆组。以上5套页岩层系中，下寒武统、上奥陶统和下志留统的页岩分布面积较广、厚度大，有机质丰度及成熟度相对较高，具有较大的生烃潜力，是目前南方页岩勘探开发的重点目的层位。

（一）构造单元划分

作为我国大型含油气盆地之一的中上扬子克拉通盆地，其中页岩层系发育的下志留统属于海相沉积。对该地区构造单元的划分方法不一，早期为了寻找有利的油气聚集带，选用了以复向斜、复背斜为基础的构造单元划分方案，随着该地区页岩开发取得经济突破，对勘探开发区域的认识不断加深，中上扬子地区构造单元的划分方案也随之改善。

（二）区域构造演化

以现在页岩井勘探开发程度较高的川东南–湘鄂西地区为例，其处于中上扬子地块，该地块是在晋宁事件形成的前震旦纪基底上演化而来的，按照我国南方的构造发展史，该区域的构造运动可分为加里东、印支、燕山和喜马拉雅运动。

1.加里东运动

加里东运动为我国南方构造史上的一场重要的构造运动，这期间中上扬子地区发生了桐湾、都匀、广西等构造运动，但无明显的造山运动，构造活动较弱，多形成拗陷与隆起。

加里东运动早期，扬子地区主要是碎屑沉积，南华纪早期由于澄江组或苏雄组出现激烈的火山活动，形成了厚度7000m左右的火山沉积岩。南华纪晚期，由于大陆冰川沉积，扬子地区以东为海水碎屑岩或冰水。

扬子地区以碳酸盐岩沉积为主，震旦系为炭质板岩、灰岩、硅质岩；寒武系为硅质建造、陆源碳酸盐岩建造、碎屑岩建造。各系间均为整合接触，普遍遭受区域动力变质，并有广泛的辉长岩、辉绿岩脉侵位。寒武纪末期，由于郁南运动，云开地区还出现褶皱、隆起及冲断带，并结束了加里东早期构造活动阶段。

加里东晚期，扬子地区碎屑岩沉积增多，碳酸盐岩相对减少，东南沿海及桂南地区褶皱吉尔隆起，挤压作用逐渐增强。同时，由于冲断带边缘张裂，早志留世出现北东向裂陷槽。

广西运动宣告了加里东构造运动的结束，其以隆升为主，使古扬子板块与古华夏板块最终形成华南板块。在扬子板块，由于加里东开始的隆升作用，形成了川中、滇东等隆起及湘鄂西、川南等拗陷，期间完整地保留了志留纪较好的经源岩沉积。

2.印支运动

印支运动为我国南方的又一次重大构造运动，其发生在三叠世，主要分为早、晚两个构造运动幕，结束了我国南方的海相沉积发展史。

早幕表现为须家河组（香溪组）沉积前的微角度平行不整合；晚幕表现为侏罗系与三叠系之间的角度不整合。其特点是：与相邻地槽区的主要褶皱回返时期基本同步，是地台缘拗陷的主要褶皱运动，台区内部无褶皱运动，只有升降运动。印支运动结束海相沉积的历史形成了中生代陆相盆地。北大巴山冒地槽褶皱带，在境内出露地层有南华系—寒武系，地层只有平行不整合而无角度不整合接触，三叠纪后盖层统一变形，形成了北大巴山冒地槽褶系构造格局。

3.燕山运动

在扬子准地台缘拗陷地区（渝东北）的燕山运动表现为块断运动，但缺少燕山构造层，主要反映了印支期后的继承性隆升。上扬子台内拗陷是扬子准地台内有燕山运动确切证据的构造单元。在黔江、西阳一带的正阳组明显角度不整合于三叠系—侏罗系之上。正阳组是燕山运动后在山间盆地内沉积的一套红色复陆屑类磨拉石建造。

4.喜马拉雅运动

泛指发生在新生代的构造运动。可分为三幕：第I幕发生于古近纪、新近纪之间；第Ⅱ幕发生于早、中更新世之间；第Ⅲ幕发生于中、上更新世之间（后两幕属新构造运动）。区内未发现古近纪、新近纪的沉积物。但从周边地区的资料显示，喜马拉雅运动是重庆市范围内最重要的构造运动，它使自南华纪以来的沉积盖层全部褶皱隆升，结束了湖盆沉积历史。

二、页岩储层特征

页岩是指由粒径小于0.005mm的细粒碎屑、黏土、有机质等共同组成，具有页状或薄片状层理，易碎裂的一类沉积岩。页岩是指以热成熟作用或连续的生物作用生成，并以吸附态或游离态赋存于暗色泥页岩、高碳泥页岩、页岩及粉砂质岩类夹层中的天然气聚集。页岩是一种广分布、低丰度、易发现、难开采的连续性非常规气藏。游离状态的页岩存在于天然裂缝与粒间孔隙中，吸附状态的页岩存在于干酪根或黏土颗粒表面。页岩油是指主要以游离和溶解等方式赋存于富有机质泥页岩及其夹层中的石油。

（一）页岩孔隙特征

岩石孔隙是储存油气的重要空间，是确定游离气含量的关键参数。据统计，有平均 50% 左右的页岩存储在页岩基质孔隙中。页岩储层为特低孔渗储层，以发育多类型微米甚至纳米级孔隙为特征，包括颗粒间微孔、黏土片间微孔、颗粒溶孔、溶蚀杂基内孔、粒内溶蚀孔及有机质孔等。孔隙大小一般小于 2μm，有机质孔喉直径一般为 100 ~ 200μm，比表面积大（大于 $10m^2/g$），结构复杂，丰富的内表面积可以通过吸附方式储存大量气体。

基质孔隙有残余原生孔隙、有机质生烃形成的微孔隙、黏土矿物伊利石化形成的微裂（孔）隙和不稳定矿物（如长石、方解石）溶蚀形成的溶蚀孔隙等。

（1）残余原生孔隙主要是分散于片状黏土中的粉砂质颗粒间的孔隙。这部分孔隙与常规储层孔隙相似，随埋藏深度增加而迅速减少。

（2）有机质生烃形成的微孔隙。页岩中的孔隙以有机质生烃形成的孔隙为主。据研究，有机质含量为7%的页岩在生烃演化过程中，消耗35%的有机碳可使页岩孔隙度增加4.9%。有机微孔的直径一般为0.01 ~ 1μm。

（3）黏土矿物伊利石化形成的微裂（孔）隙。蒙皂石向伊利石转化是页岩成岩过程中重要的成岩变化。当孔隙水偏碱性、富钾离子时，随着埋深增加，蒙皂石向伊利石转化，伴随体积减小而产生微裂（孔）隙。

（4）不稳定矿物溶蚀形成的溶蚀孔隙。川东及邻区志留系龙马溪组暗色泥质岩中见有发育的溶孔，次生溶蚀孔隙的孔径多数分布在0.01 ~ 0.05mm，少数分布在0.05 ~ 0.6mm，连通孔隙率最低值仅为0.82%（不含易溶矿物），最高达32.41%，一般为16%，碳酸盐含量在10% ~ 30%时最易形成高孔段。该类次生孔隙是由于有机质脱羧后产生的酸性水对页岩储层的碳酸盐矿物的强烈溶蚀形成的。

中国海相富有机质页岩微米–纳米孔十分发育，既有粒间孔，也有粒内孔和有机质孔，尤其是有机质成熟后形成的纳米级孔喉甚为发育，这些纳米级孔喉是页岩赋存的主要空间。

（二）页岩微裂缝特征

裂缝可为页岩提供充足的储集空间、运移通道，更能有效地提高页岩产量。页岩中大量发育的微裂缝对产能的增加有很大影响，同时裂缝的存在也使得页岩的开发变得格外复杂。一方面，微裂缝发育并与大型断裂连通，对于页岩的保存条件极为不利，地层水也会通过裂缝进入页岩储层，使气井见水早，含水上升快，甚至可能暴性水淹。另一方面，微裂缝发育不但可以为页岩的游离富集提供储渗空间，增加页岩游离态天然气的含量，而且微裂缝也有助于吸附态天然气的解析，并成为页岩运移、开采的通道。

（三）孔渗特征

利用覆压孔渗仪测定岩样的孔隙度。有数据表明，川南龙马溪组页岩较为致密，岩心样品孔隙度为2.38%～5.8%，平均3.95%，近地表样品孔隙度分布范围为0.43%～9.61%，平均4.56%，部分近地表孔隙度较高，主要原因为出露在近地表之后遭受了风化溶蚀产生了溶蚀孔隙。

渗透率在页岩压裂设计和生产过程中至关重要。页岩中有两种渗透率：基质渗透率和系统总渗透率。

页岩的基质渗透率非常低，常规的稳态法测试方法和仪器难以测定准确的渗透率参数，因而采用非稳态渗透率测试方法。脉冲衰减法是基于一维非稳态渗流理论，通过测试岩样一维非稳态渗流过程中孔隙压力随时间的衰减数据而测得的渗透率参数。

系统总渗透率是基质渗透率和裂缝系统的渗透率总体表征参数。在页岩开发过程中影响页岩产量和采收率的是系统总渗透率。页岩中的有机质不仅提供了气体的储存空间，干酪根中大量的微孔隙对渗透率贡献也很大，是基质中的主要渗流路径之一。此外，页岩的基质渗透率非常低，平均喉道半径不到0.005um，因此，不同级别的裂隙在气体渗流过程中起到了重要作用。页岩中纳米级微裂隙在提高孔隙连通性方面至关重要。但是，最终需要人工压裂造缝增渗，将内部的孔洞裂隙连通起来，形成网状裂缝。

（四）天然裂缝发育

页岩储层天然裂缝系统发育，既是实现油气运移的前提因素，又是成为有效储层的必要条件。页岩储层，由于其孔隙度极低，但层理和天然裂缝发育，所以油气均是主要通过层理和裂缝渗流运移，并且多数油气最终就储存于其中，故天然裂缝作为渗流通道的同时又担任为储集空间。但是研究发现，天然开启的裂缝在页岩中并不常见，裂缝大多以闭合形态存在。这些因胶结而封堵或因周围岩石应力挤压作用而闭合的裂缝是力学上的薄弱带，容易在压裂中破裂。因此实施压裂改造，不仅能够产生诱导裂缝，而且可以张开天然裂缝并延伸，最终储层原有的裂缝系统与人工诱导的裂缝连通成片，形成更加复杂的裂缝网络以增大改造体积。因此大规模体积压裂改造技术施工首先应选择天然裂缝发育的脆性储层，而塑性较强的地层实现体积压裂，改造比较困难。

值得注意的是，鉴于页岩物性较差，一些人认为宏观裂缝对页岩成藏起着积极的作用，但研究观察并未发现这一趋势。前面已经提到页岩储层中的宏观裂缝容易被石英和方解石等矿物充填，降低孔隙度、渗透率，所以实际上宏观裂缝越发育气藏产气量越低。北美Barnett页岩储层肉眼可识别的裂缝数量有限，压裂改造后的产能却很高，这说明宏观裂缝并不利于页岩的储集，真正起到改善页岩储集丰度的是微裂缝体系。

三、页岩岩石学特征

页岩的岩石学特征是影响页岩基质孔隙和微裂缝发育程度、含气性及压裂改造方式的重要因素。页岩中黏土矿物含量越低，石英、长石、方解石等脆性矿物含量越高，岩石脆性越强，在外力作用下越易形成天然裂缝和诱导裂缝，形成树状或网状结构缝，有利于页岩开采。而高黏土矿物含量的页岩塑性强，吸收能量强，以形成平面裂缝为主，不利于页岩体积改造。

（一）页岩岩石分类

页岩在自然界中分布广泛，沉积岩中大约有60%以上为页岩。常见的页岩类型有黑色页岩、碳质页岩、油页岩、硅质页岩、铁质页岩、钙质页岩、砂质页岩等。

黑色页岩：主要由有机质与分散状的黄铁矿、菱铁矿组成，有机质含量为3%~10%或者更高。黑色页岩形成于有机质丰富而缺氧的闭塞海湾、潟湖、湖泊深水区、欠补偿盆地及深水陆棚等沉积环境中，是形成页岩的主要岩石。在我国南方寒武系底部，发育了大量黑色页岩地层。黑色页岩的外观看起来与碳质页岩相似，区别是碳质页岩会染手，而黑色页岩不会。

碳质页岩：碳质页岩呈黑色，染手，灰分大于30%，含有大量已碳化的有机质，常含有大量植物化石，形成于湖泊、沼泽环境，常见于煤系地层的顶底板。

油页岩：油页岩是一种高灰分含量的含可燃有机质页岩，颜色以黑棕色、浅黄褐色为主，一般来说，含有机质越多，颜色越深。油页岩可以燃烧，且燃烧时有沥青味，经过蒸馏作用后可以得到页岩油。油页岩主要是在闭塞海湾或湖沼环境中由低等植物（如藻类及浮游生物）死亡后的遗体在隔绝空气的还原条件下形成的，常与生油岩系或煤岩系共生。油页岩和煤的主要区别是，油页岩灰分超过40%。与碳质页岩的区别是，油页岩含油率大于3.5%。

硅质页岩：一般页岩中的SiO_2的平均含量约为58%，硅质页岩中含有较多的玉髓、蛋白石等，SiO_2含量在85%以上，并常保存有丰富的硅藻、海绵和放射虫化石，所以一般认为硅质页岩中硅的来源与生物有关，也可能和海底喷发的火山灰有关。

铁质页岩：含少量铁的氧化物、氢氧化物等，多呈红色或灰绿色，在红色和煤系地层中较常见。

钙质页岩：指含一定量$CaCO_3$的页岩，但其含量不超过25%，遇稀盐酸起泡，如超过25%，则称为泥灰岩。钙质页岩分布较广，常见于陆相、过渡相的红色岩系中，也见于海相、潟湖相的钙泥质岩系中。

此外，还有混入一定砂质成分的页岩，称为砂质页岩，砂质页岩根据所含的砂质颗粒大小，分为粉砂质页岩和砂质页岩两类。

页岩由碎屑矿物和黏土矿物组成，碎屑矿物包括石英、长石、方解石等，黏土矿物包括高岭石、蒙脱石、伊利石、水云母等。碎屑矿物和黏土矿物含量的不同是导致不同页岩差异明显的主要原因。黑色页岩及碳质页岩富含有机质，是形成页岩的主要岩石类型，其有机质含量为3%～15%或者更高。

（二）页岩矿物组成特点

泥页岩是分布最广的一类岩石，约占沉积岩总体积的60%。其组分较为复杂，其中最重要的是黏土矿物（如高岭石、蒙脱石、水云母等），其次是陆源碎屑矿物（如石英、长石、云母等）及非黏土矿物（如碳酸盐矿物，铁、铝、锰的氧化物与氢氧化物等）。

1.黏土矿物

在显微镜下观察龙马溪组黑色页岩中的黏土矿物，具体特征如下：

蒙脱石：结晶程度较差，不含砷而富含镁的碱性环境是蒙脱石的有利形成环境。当低铝高硅、富钙镁的碱性介质中有高岭石时，可以改变蒙脱石，可观察到团状蒙脱石、棉絮状蒙脱石。

绿泥石：包括在成岩作用过程中形成的自生绿泥石和碎屑绿泥石，通常为黑云母蚀变形成。绿泥石一般生长在孔壁和粒间隙壁或存在于孔隙中，可观察到叶状绿泥石、玫瑰状绿泥石以及针尖状绿泥石。

伊利石：为富水含钾的黏土矿物，它可以形成于各种气候条件和不同浓度的碱性介质中，在某些情况下由长石和其他黏土矿物转化而成，是相对稳定的黏土矿物，多分布于颗粒表面，或以黏土桥形式分布于颗粒间。可观察到片状伊利石、鳞片状伊利石以及似蠕虫状伊利石。

2.陆源碎屑矿物

石英：据文献显示，石英有生物硅酸盐和碎屑岩中硅质碎屑两种来源。生物成因的石英与TOC（Total Organic Carbon）有较好的线性关系，而泥页岩中的碎屑石英与TOC没有线性关系。且不同来源的石英对孔隙度的影响也不一样，如来自生物成因的石英含量越高，泥页岩的孔隙度越低，而来自碎屑岩中的石英含量越高，泥页岩孔隙度越高。

长石：长石是一种脆性矿物，较容易在外力作用下形成裂隙，利于页岩渗流。

3.非黏土矿物

碳酸盐矿物：包括方解石和白云石。方解石有碎屑成因和化学成因，碎屑成因的方解石含量高低可反映泥页岩的硬度、造缝能力等，化学成因的胶结物方解石不利于孔缝的产生，会堵塞孔隙。

黄铁矿：在页岩的不同层位发育较为广泛，是沉积物形成早期生成的自生矿物。不同地理区域、不同层系、不同深度的页岩矿物组成均存在较大差距。

（三）页岩力学参数特征

对川东南地区彭水、南川及丁山区块的龙马溪组页岩进行岩石力学实验，由于页岩微裂缝发育，标准实验岩样加工处理成功率低，多数样品裂缝开启或产生机械损伤，压缩试验测试得到的岩石抗压强度普遍较低，连续刻划试得到的力学数据则比较准确。测试得到较高的抗压强度，龙马溪组页岩具有明显的高弹性模量、低泊松比的脆性特征。

四、页岩工程地质评价

（一）页岩地质评价参数

页岩储层地质评价包括地层和构造特征、储层厚度和埋深、岩石和矿物组成、储集空间类型和储集物性等方面。

1.地层和构造特征

海相、陆相、海陆过渡相富有机质页岩的地层展布受沉积环境和构造活动的影响，海相页岩一般连续分布，而陆相和海陆过渡相的页岩与砂岩、灰岩会出现交错分布，地层和构造特征评价为页岩展布面积提供依据。

2.厚度和埋深

富有机质页岩的储层厚度和面积越大，页岩油气量越高。一般要求直井厚度大于30m，由于水平井和压裂技术的应用，对有效厚度的要求有所降低。埋深越大，页岩储层的开发成本越高，一般要求不超过5000m。

3.岩石和矿物组成

页岩储层中的矿物可分为脆性矿物（如石英、长石、方解石、黄铁矿等）和黏土矿物两大类。脆性矿物含量影响页岩微裂缝的发育程度，黏土矿物含量与吸附气含量有一定关系。页岩中脆性矿物含量越高，岩石脆性越强，越有利于页岩水平井压裂改造。

4.储集空间类型和储集物性

页岩的储集空间类型主要为无机孔隙和有机孔隙两大类，孔隙的分布决定了孔隙度、渗透率的大小，为页岩油气提供了储集空间。

（二）页岩工程评价参数

页岩储层工程评价包括页岩岩石力学参数、区域地应力场特征等。

1.页岩岩石力学参数评价

确定页岩岩石力学参数（抗压强度、抗张强度、弹性模量、泊松比等）在储层空间中的展布规律，建立页岩储层岩石力学参数的三维地质建模模型，并研究岩石力学参数三维地质模型与地应力仿真模型之间的数据交换技术，为地应力场仿真提供准确的基础数据。

2.页岩地应力场评价

页岩的地应力场评价是进行水平井分段压裂中优化施工参数的关键技术。通过分析断层、微裂缝、层理—节理、界面效益、地面构造起伏、区域地应力等因素对原始地应力场局部扰动的影响来模拟压裂过程中地应力分布。

3.页岩脆性指数评价

脆性指数是评价页岩储层岩石力学性质的又一重要参数。脆性评价的方法有十几种，它们对脆性评价的出发点不一。

第二节 体积改造基本概念

在常规油气资源难以进一步大幅度增产的局面下，页岩、页岩油、致密气、致密油等非常规资源展现出巨大潜力。页岩油气藏与常规油气藏相比有显著的不同：页岩储层孔隙结构复杂，有机质中发育纳米级孔隙，无机基质中富含粒间孔隙及微裂缝，具有低孔低渗的特征，需经压裂后才能进行商业化开采；页岩油气在储层中赋存状态多样，主要以游离态、吸附态、溶解态的形式存在；页岩储层复杂的孔隙结构以及流体多样的赋存方式使得流体的流动机制非常复杂，页岩油气的有效动用条件及可动性评价方式与常规油气相比有明显差异。

一、体积改造的定义

"体积改造"的定义具有广义与狭义之分。

广义上，将提高储集层纵向动用程度的分层压裂，以及增大储集层渗流能力和储集层泄油面积的水平井分段改造都定义为"体积改造"。

狭义上，将通过压裂手段迫使储集层产生网络裂缝的改造视为"体积改造"。其相应的定义是：在水力压裂过程中，使天然裂缝不断扩张、脆性岩石产生剪切滑移，实现对天然裂缝、岩石层理的沟通，以及在主裂缝的侧向强制形成次生裂缝，并在次生裂缝上继续分枝形成二级次生裂缝，以此类推，形成天然裂缝与人工裂缝相互交错的裂缝网络，将具有渗流能力的有效储集体"打碎"，使裂缝与储集流体的接触面积最大，使得油气从任意方向基质向裂缝的渗流距离"最短"，极大地提高储集层整体渗透率，实现对储集层在长、宽、高三维方向的"立体改造"。

二、体积改造内涵

内涵1：利用体积改造"打碎"储集层，使产生的裂缝以复杂缝网形态扩展，进而"创造"人造渗透率。

体积改造的裂缝起裂模型突破了传统经典模式，不再是单一的张性裂缝起裂与扩展，而是具有复杂缝网的起裂与扩展形态。形成的裂缝不是简单的双翼对称裂缝，而是复杂缝网。在实际应用中，目前主要采用裂缝复杂指数（Fracture Complex Index，FCI）来表征体积改造效果的好坏。一般来说，FCI值越大，说明产生的裂缝越复杂、越丰富，形成的改造体积越大，改造效果越好。

内涵2：利用体积改造"创造"的裂缝，其表现形式不是单一的张开型破坏，而是剪切破坏以及错断、滑移等。

内涵3：体积改造"突破"了传统压裂裂缝渗流理论模式，其核心是基质中的流体向裂缝的"最短距离"渗流，大幅度降低了基质中的流体实现有效渗流的驱动压力，大大缩短了基质中的流体渗流到裂缝中的距离。

在实施"体积改造"过程中，由于储集层形成了复杂裂缝网络，使储集层渗流特征发生了改变，主要体现在基质中的流体可以以"最短距离"向各方向裂缝渗流，压裂裂缝起裂后形成复杂的网络缝，被裂缝包围的基质中的流体自动选择向流动距离最短的裂缝渗流，然后从裂缝向井筒流动。此外，这个"最短距离"并不一定单纯指路径距离，也含有最佳距离的含义，即在基质中流体向裂缝的渗流过程中，其流动遵循最小阻力原理，自动选择最佳路径（并不一定是物理意义上的最短距离）。

三、体积改造地质条件

（一）地应力各向异性

水力裂缝的产状及延伸（即产生单一的双翼直缝或是复杂的网状裂缝）主要取决于水平主应力差的大小及逼近角（天然裂缝与水力裂缝的夹角）的大小。不同水平主应力差对裂缝群发育的规模有较大的影响，并且当地水平主应力差小，即具有较低的地应力各向异性和地震波速度方位各向异性时，水力压裂的影响范围较大，常形成宽的网状裂缝群，而地水平主应力差较大，即具有较高的地应力各向异性和地震波速度方位各向异性时，水平主应力差对裂缝群、发育的规模有较大的影响，常形成线性裂缝带，并且它也控制了水力裂缝展布的形态，且随着水平主应力差由大变小，水力裂缝的形态由单一平面双翼直缝向复杂多裂缝，再到复杂的缝网体系发展，多数的大规模实验也证明了这一现象。

（二）天然裂缝面性质、产状及裂缝发育程度

天然裂缝面的性质会影响体积压裂的改造效果，包括裂缝的渗透率、裂缝的开度及充填物质、近裂缝面的岩性等，这些性质主要会对界面的摩擦系数产生较大影响，在同等条件（水平应力各向异性系数、逼近角及裂缝的产状等参数相同）下，摩擦系数越小，剪切滑移越有可能发生，水力裂缝越容易沿着天然裂缝扩展而形成复杂裂缝网络。

天然裂缝的发育规模（长度、裂缝间隔、组系）及产状（走向、倾角）对诱导缝的转向具有明显的控制作用，当天然裂缝发育的规模越长，延伸越远，对水力压裂产生的诱导缝的干扰就越大，诱导越容易发生转向，形成复杂缝网。

天然裂缝长度及间隔距离会影响水力压裂改造区域的宽度，随着天然裂缝长度变小或天然裂缝间隔距离变小（即面密度变大），裂缝网络的宽度大幅度减小，从而证实了天然裂缝的长度与间隔距离会对压裂改造体积产生影响。

室内实验证明在高逼近角（60°～90°）的情况下，水力裂缝直接穿过天然裂缝继续向前延伸，而在低逼近角（30°～60°）的情况下，水力裂缝发生转向，并沿着天然裂缝方向扩展，裂缝的形态变得复杂。

天然裂缝发育的组系数及其与最大主应力间的相对方位，决定了压裂裂缝的方位和裂缝宽度等空间分布规律，一般延伸较长和发育宽度较大的一级宏观裂缝及其组合可起到区域性连通作用，从而影响水力裂缝延展的优势方位。

（三）岩石脆性特征

岩石的脆性特征用脆性指数进行表征。脆性储层压裂过程中可产生剪切破坏，在高排量施工时更易产生多级次生裂缝。储层石英、碳酸岩等脆性矿物含量的高低决定了储层的脆性特征，是实现储层体积压裂的物质基础。储层岩石脆性越高，压裂时其破裂形态越复杂，其形成的网状裂缝形态越复杂。

（四）储层敏感性

敏感性是指岩石的孔隙度和渗透率等物性参数随环境条件（温度、压力）和流动条件（流速、酸、碱、盐和水等）改变而变化的性质。页岩储层敏感性不强，适合大型滑溜水压裂。弱水敏地层，有利于提高压裂液用液规模，同时使用滑溜水压裂，滑溜水黏度低，可以进入天然裂缝中，迫使天然裂缝扩展到更大范围，大大扩大改造体积。

页岩储层改造的主要目的是在沟通天然微裂缝系统的同时形成新的水力裂缝，以尽量增大改造体积。经过几十年的发展，目前已经形成了以水平井分段压裂为主的页岩体积改造技术。

第三节　页岩水平井分段压裂理论

一、页岩水平井分段压裂概述

结合多个页岩储层的成功开发经验，水平井分段压裂工艺成为现阶段最有效的页岩增产技术。据报道，美国超过90%的页岩产量都来自于水平井，而超过85%的页岩油气井需要通过水平井分段压裂技术进行增产改造。

水平井分段压裂技术是将水平井水平段分为多段进行压裂，封隔器位于分段两头，压裂液通过封隔器、压裂管柱和套管形成腔室进入目的压裂层段进行压裂，一个分段压裂结束后，上提管柱，进入下一个分段压裂，改造完成后在每个分段内形成多簇裂缝。

页岩水平井分段压裂主要通过应用分段多簇射孔、高排量、大液量、低黏液体，实现对天然裂缝、岩石层理的沟通，以及在一级主裂缝的侧向强制形成次生裂缝，并在次生裂缝上继续分枝形成下一级次生裂缝，组成裂缝性网络来提高储层的整体渗透率。分段多簇射孔每级一般分3~6簇进行，每簇长度为0.46~0.77m，每簇间距一般为20~30m，每个压裂段控制在100~150m，孔密16~20孔/m，相位角为60°或者180°。

二、页岩水平井压裂造缝机理

水平井裂缝起裂主要由水平井井壁应力分布状态所决定，当超过岩石的抗拉强度后会产生拉伸破坏，而裂缝的方位则受地应力的控制。页岩储层高脆性、天然裂缝发育等特征使得压裂裂缝在页岩储层中的起裂机理较为复杂。

（一）水平井裂缝起裂机理

裂缝的起裂与井壁应力状态和岩石抗拉强度有着直接联系。斜井或者水平井的起裂模型较常规，直井破裂模型更为复杂，涉及原地应力、井斜角、方位角等参数。基于多孔介质弹性斜井起裂模型是目前石油工程领域最为通用的破裂压力分析模型。

（二）水平井压裂裂缝形态

地层处于三种相互垂直的主应力状态中：垂直应力、最大水平应力和最小水平应力，裂缝总是沿着垂直于最小水平应力方向的平面延伸。而水平井压裂后的裂缝形态主要取决于水平井筒方向与地层最小主应力方向的位置关系。由于水平井筒与最小水平主应力方向位置关系的不同，带来的水平井压裂裂缝形态也不同，主要分为3种：

（1）水平井筒方向与地层最小主应力方向平行时，形成与井筒正交的横向裂缝。

（2）水平井筒方向与地层最小主应力方向垂直时，形成纵切井筒的纵向裂缝。

（3）除以上两种裂缝形态之外的裂缝称为斜交缝。

此外裂缝通常会产生较为复杂的裂缝形态，比如：平行多裂缝、转向裂缝以及T形裂缝。

平行多裂缝：在产生多裂缝的射孔段中，每一个射孔孔眼都作为一条裂缝的起裂源。早期这些裂缝同时向前延伸，随着井筒距离的增加，继续扩展的裂缝条数减少，最后这些多裂缝会成为垂直于最小水平主应力扩展的一条裂缝。

转向裂缝：因为裂缝总是沿着最小阻力面前进，因而当水平井筒方向偏离最大水平主应力时，裂缝将先沿井筒起裂，之后将逐渐转向到垂直于最小水平主应力方向。

T形裂缝：钻井过程使地应力状态发生了改变，在近井地带形成了新的应力场。应力场导致裂缝有沿着井筒不同方向起裂的趋势。当井为裸眼井或射孔段比较长的时候除了产生横向裂缝外，沿着井筒还会产生纵向裂缝，也就形成了复杂的T形裂缝。

在同一地应力条件下，低的破裂压力使纵向裂缝比横向裂缝更容易产生，因此，即使在水平井筒方向平行于最小水平主应力的情况下，除产生横向裂缝以外，仍然有沿井筒产生纵向裂缝的趋势，而这与射孔段的长度有关。要防止产生纵向裂缝，射孔段长度不应超过4倍井径。此外还需指出，只要射孔段长度小于2倍井径，则每段将产生单一横向裂缝，如果射孔段长度在2～4倍井径之间，则会在同一射孔段产生多裂缝。因此，要产生横向裂缝，除了水平井筒方向需平行于最小主应力方向外，还要有合适的射孔段长度。

三、页岩水平井分段压裂缝间应力干扰

"分段多簇"射孔实施应力干扰是实现页岩水平井分段改造的技术关键。常规水平井分段压裂进行段间距优化时采用单段射孔、单段压裂模式，避免缝间干扰。而页岩水平井分段压裂改造时，采用"分段多簇"射孔，实现多点起裂，利用缝间干扰促使裂缝转向，产生复杂缝网。因此有必要对页岩水平井分段压裂缝的应力干扰进行研究。

传统意义上认为，在水平井横向段上射孔多会产生更多条数的裂缝，可以加大与储层的接触面积。但同时也发现当射孔数量和间距不合适时，随着裂缝数量增加，缝宽可能会极度变窄，影响支撑剂的进入，从而造成永久的砂堵问题，导致整个压裂施工失败。国外学者将页岩井的分段压裂过程中的多裂缝应力干扰问题统称为"Stress Shadow"效应。

目前国外学者主要从分段压裂施工工艺角度，针对水平井各段间形成的横向裂缝之间的应力干扰问题进行研究。常规顺序压裂次序通常是从井筒趾部开始依次向跟部压裂，所以诱导应力场可以通过常规单裂缝诱导应力结果顺序计算。为了进一步改善原有应力场不利造成裂缝转向的问题，Soliman等提出了"德式两步压裂法"，及在此基础上扩展延伸的"跳跃压裂法"，其诱导应力场计算则相对更为复杂。

对于页岩水平井分段压裂来说，由于在段内需要同时进行多簇射孔，因此可以在一段内同时形成多个裂缝或者直接形成复杂裂缝网络（脆性页岩当中），其叠加诱导应力场的计算将更为复杂，无法应用经典的单裂缝诱导应力场模型进行求解。目前，很多学者主要通过位移不连续和有限元等方法对此进行研究。Cheng等应用不连续位移法来建立多横向裂缝的诱导应力场问题，但在研究中，需要预先指定多横向裂缝的高度和长度，同时各缝的几何参数也相同，另外缝内净压力视为常数，并且仅仅模拟了诱导应力对缝宽的影响变化。WuK等认为不连续位移法是求解叠加缝间干扰应力的有效方法之一，最后基于不连续位移基本解可以得到边界元的矩阵方程组，用以计算裂缝之间的力学干扰。

四、应力干扰确定裂缝间距

水平井分段多簇压裂时存在先后顺序，由于先压开的裂缝内压力产生的诱导应力必然对井筒周围的应力场造成影响，这对于后续裂缝的起裂和延伸有强烈的干扰作用。当两簇主裂缝距离较近时，这种干扰作用强烈，较晚一条水力裂缝起裂困难，但更容易形成缝网。当两簇主裂缝距离较远时，这种干扰作用变弱，水力裂缝的起裂相对容易，但不易形成缝网。因此研究不同裂缝间距条件下裂缝间应力场的改变值，对水平井分段多簇压裂裂缝间距优化有一定指导意义。

基于对先压裂缝诱导应力场的分析，建立诱导应力场中井筒地应力分布模型，并分析得到裂缝转向的判据，优化裂缝间距，具体步骤如下：

（一）人工裂缝诱导应力场模型建立

对于低渗透储层水平井分段压裂来说，每射孔簇中裂缝同时起裂，簇与簇之间产生的裂缝存在着先后顺序，上一射孔簇压开的裂缝会对后续射孔簇中起裂的裂缝周围产生诱导应力场，影响后续起裂裂缝的延伸。

（二）裂缝转向机理分析

为了改善压裂效果，最大限度地增加水平井产能，水平井筒方向应与最小水平主应力方向一致。根据弹性力学和岩石破裂准则，水力裂缝总是产生于强度最弱、阻力最小的方向，即裂缝破裂面垂直于最小主应力方向。因此，分段压裂产生的初始裂缝是垂直于井筒方向的横向裂缝，而初始裂缝产生的诱导应力会对后续起裂裂缝周围应力场产生影响，在原地应力和诱导应力作用下，后续起裂裂缝在原来最小水平主应力方向上受到的应力可能会大于原来最大水平主应力方向的应力，即最大、最小水平主应力方向发生了变化，导致裂缝在延伸过程中发生转向，向平行于井筒方向延伸。

（三）裂缝间距确定

对水平井分段压裂裂缝间距进行确定时，首先根据水平井段储层物性情况确定第一段的射孔位置，以形成的初始裂缝为基础，计算距离初始裂缝不同间距下的诱导应力，确定裂缝能够发生转向的临界间距，在临界间距范围内结合水平井段测井解释及固井质量情况确定最优的射孔间距。

第四节　页岩水平井分段压裂设计

一、概述

页岩水平井分段压裂技术大幅度提高了油气产量，在对水平井进行分段压裂改造时，水力压裂方案设计非常关键。根据页岩储层特点，以形成复杂缝或网缝、扩大泄气面积为目标，确定压裂主导工艺，选择射孔位置，优化压裂参数，筛选、评价适用的压裂液体系和支撑剂组合。

水平井分段压裂设计一般步骤如下：

（1）综合考虑水平井段储层条件、井筒条件优选压裂段。

（2）根据油气藏类型、储层地质条件、井眼轨迹、井筒条件和地质要求优选分段压裂工艺，满足有效实施分段压裂、操作简便、安全环保、便于压后生产作业的要求。

（3）根据优选的分段压裂工艺、储层改造要求优选射孔方式。

（4）根据油藏数值模拟确定的水力裂缝参数，应用压裂优化设计软件，进行裂缝模拟，确定优化的排量、前置液量、支撑剂量、支撑剂浓度、顶替液量和压裂泵注程序等施工参数。

（5）对优化的裂缝参数和施工参数进行经济评价，确定满足经济要求的施工参数。

（6）根据选择的分段压裂工艺要求、施工压力和套管条件优选压裂管柱、工具和井口装置，并进行强度校核，确保施工安全。

（7）优选压裂液和支撑剂。

二、射孔优化设计

页岩储层属于致密地层，一般具有破裂压力高的特点。传统螺旋射孔后存在明显井筒效应的特点，导致该类地区压裂改造效果不理想，资源利用率较低。因此有必要对该类地区的压裂井进行射孔优化设计，以达到降低地层破裂压裂，有效提高压裂成功率的目的。

水力压裂裂缝沿着阻力最小的路径传播，最小阻力是由于地层应力的方向和幅度的差异造成的。在大多数情况下，垂直方向的应力最大，因此裂缝面是垂直的，其方向是沿着下一个水平最大地应力的方向。

定向射孔的目的是沟通裂缝和井筒，减少井筒附近裂缝的弯曲程度，进而减少井筒附近的压力损失，为压裂时产生的流体提供通道。通过大量页岩井的开发实践，开发人员总结出定向射孔时应遵循的原则，即在射孔过程中，主要射开低应力区、高孔隙度区、石英富集区和富干酪根区，采用大孔径射孔可以有效减少井筒附近流体的阻力。在对水平井射孔时，射孔则垂直向上或向下。

在水力压裂处理过程中，如果射孔孔眼与最大应力方向不一致，则在近井眼处往往会产生复杂的流动路径，或称曲折路径。压裂液和支撑剂必须离开井眼，然后进入地层，并与最小阻力方向一致。这一"曲折路径"会引起额外的摩擦力和压降，从而增加泵送马力并限制裂缝的宽度，由于支撑剂桥堵而造成过早脱砂，使增产处理效果不佳。

水平井中高端的射孔孔眼通常比较稳定，不大可能破裂或是被碎屑封堵。射孔孔眼的方向可以稍微偏离垂直方向，以优化射孔密度和间距，从而提高产能，减小压降并降低出砂量。沿水平最小地应力方位钻井90°相位射孔，沿水平最小地应力方位钻井60°相位射孔。

如果能精确确定当地主应力的大小和方向，并具有射孔定向能力，就可以实现最佳的射孔方案。但国内大多数油气田距离这一目标还有差距，特别是定向射孔能力不完全具备这些硬件条件。因此应结合目前油气田的射孔工艺水平、工艺现状以及射孔对压裂影响的机理制定出合理的射孔方案。

根据前面的分析，制定射孔策略的总原则是：

（1）尽量减小孔眼与最佳平面的夹角。如井筒轴线为最佳平面（即最小主应力为水平应力，一般产生垂直缝），则建议在保证套管安全的前提下，采用高孔密，螺旋布孔，低相位如45°，高孔密有助于各孔眼裂缝的连通。对老井老层的重复射孔改造是由于过去已经射孔，在保证深穿透前提下可降低孔密要求，如：18孔/m，45°相位。对于老井新层在满足深穿透和保证套管安全的前提下尽量使用高孔密低相位，比如使用孔密大于22孔/m、相位小于或等于45°的射孔枪。

（2）采用大孔径深穿透聚能弹。大孔径可以减小孔眼与最佳平面的夹角，增大裂缝在孔眼处起裂的机会，同时减小压裂液通过孔眼的摩阻。深穿透可最大限度地增加裂缝与孔眼相遇的机会，特别是对于斜井，因为斜井压裂时与裂缝连通的只是部分孔眼。

（3）选用优质射孔液，进行负压射孔。

（4）准备进行限流压裂的井，压前采用低孔密、大孔径射孔，压裂后采用较高孔密补孔以进一步提高产量。

（5）射孔位置应选择在总有机碳含量较高，天然裂缝发育，孔隙度大，渗透率高，地应力差异较小，气测显示较好，固井质量好的部分，避开套管节箍和扶正器。

（6）射孔的设计参数有以下5个要求：①孔密间距是最常规的设计参数；②高产能水平页岩储层要求更高的簇数、孔密；③高产能水平页岩储层对产能有贡献的射孔孔眼高于80%；④低产能水平页岩储层对产能有贡献的射孔孔眼少于65%；⑤沿页岩层的射孔数目从60%提高至80%可使产量至少提高25%。

三、压裂液优化

压裂液是页岩压裂的重要材料之一，其主要作用一是造缝，在页岩压裂中形成网络裂缝；二是输送支撑剂，把支撑剂输送、携带到裂缝之中。本节主要叙述页岩压裂液的添加剂优选、性能评价及优化设计。

（一）页岩压裂液类型及适用条件

1.页岩压裂液类型

页岩压裂使用的压裂液主要包括水基压裂液和无水基压裂液。其中，水基压裂液主要有两种类型，即降阻水和胶液；无水基压裂液主要包括液化石油气（Liquefied Petroleum Gas，LPG）压裂液和超临界二氧化碳压裂液。目前，国内外主要发展应用了水基压裂液，并进行了全面应用，而LPG压裂液和超临界二氧化碳压裂液在国外已经开始使用，在国内仍处于研究及试验阶段。

2.页岩压裂液适用条件

水基压裂液适用于水敏性矿物低，水敏伤害小的地层，以及水资源比较丰富的地区。降阻水压裂液通常摩阻低、黏度低，利用其黏度低的特点，使滑溜水很容易进入不同部位的天然裂缝，有利于造网络裂缝；同时，利用降阻水摩阻低的特点，能够实现高排量压裂施工，进一步提高了造网络裂缝效率。由于页岩基质非常致密，其渗透率通常处于纳达西的级别，裂缝中的降阻水很少滤失到页岩基质孔隙中，降阻水滞留在形成的人工裂缝和开启的天然裂缝之中，阻止了裂缝的闭合，即使其中存在少量的支撑剂，仍具有较好的高导流能力，而气能够穿透裂缝中的水，流入井筒之中。

与降阻水相比，胶液黏度较高，造缝能力较强，在网络裂缝的基础上，形成一定方位的主裂缝，并增加了缝宽，为提高裂缝的导流能力做好了准备；同时高黏度的胶液压裂液提高携砂能力，满足较高砂浓度的压裂需求。当然，必须控制好胶液的黏度范围，在满足造缝能力、携砂能力的基础上，大幅度减低压裂液的摩阻，与降阻水一样同样能满足高排量的压裂施工需求。

降阻水胶液的用量及组合需要根据页岩井的具体情况来进行判断，两者既可以单独使用，也可以组合使用。

无水基压裂液适用于水敏性矿物含量较高，水敏伤害大的页岩地层压裂，以及水资源比较匮乏的地区，LPG压裂液对施工设备、安全及回收技术的要求比较高，超临界二氧化碳压裂液除了需要专门的设备外，需要有二氧化碳气源。

（二）降阻水压裂液添加剂优选及性能评价

降阻水压裂液中组分较多，通常由降阻剂、黏土稳定剂、助排剂等添加剂组成，添加剂有不同的功能，根据实际需要解决的问题来添加不同功能的添加剂。最常用的添加剂主要为降阻剂、黏土稳定剂、助排剂等。降阻剂通常为中高相对分子量聚合物，是降阻水的关键添加剂，主要功能是降低施工过程中的摩阻。降阻剂的降阻原理主要依据流体接触管道的粗糙度和流体的流态，在微观上，降阻剂通过填平管壁内表面的凹陷，降低粗糙度，从而降低了摩阻。由于降阻剂为高分子聚合物，在水溶液中具有一定的黏度，可以提高发生紊流的雷诺数，减少紊流的机会；此外，降阻剂分子链在水溶液的伸展，在流动过程中易于形成有序流动，从而降低了流动阻力。黏土稳定剂主要成分是低分子聚合物季铵盐或无机铵盐，是降阻水的主要添加剂，主要功能降低降阻水对页岩储层黏土矿物的膨胀运移。助排剂主要成分是表面活性剂，是降阻水的主要添加剂，主要功能通过降低表面张力来降低毛细管阻力，提高降阻水的返排效果。

（三）胶液压裂液添加剂优化及性能评价

页岩压裂与常规压裂不尽相同，网络裂缝是页岩藏压裂的主要特点。网络裂缝的形成除了地应力、天然裂缝等地质决定因素外，需要降阻水压裂液，通过低黏降阻水的快速扩散性能，有利于人工裂缝充分沟通天然裂缝，从而实现网络裂缝压裂。同时，根据国内外的研究结果，仅形成网络裂缝还不足以最大限度地提高改造效果，仍然需要在网络裂缝的基础上，有较高导流能力的主裂缝，构筑形成较好的油气通道，有利于网络裂缝的油气汇集到主裂缝中，最大限度地确保压裂增产效果，为了实现主裂缝，仍然需要具有较好黏弹性能、携砂性能的胶液体系。而常规瓜尔胶压裂液虽然有携砂能力好、性能较稳定等优点，但由于瓜尔胶以刚性分子结构为主，降阻性能较差，不能满足页岩压裂高排量泵注要求，同时瓜尔胶压裂液不溶物多、残渣高，也不能满足页岩储层保护需要。根据页岩特点，以新型聚合物增稠剂为主剂，优选配套交联剂、防膨胀剂、助排剂、破胶剂等添加剂，形成低伤害、低成本的新型胶液压裂液体系。

（四）降阻水压裂液及胶液压裂液优化设计

1.设计原则

页岩压裂液设计与常规储层压裂的流体设计不同，为了获得压裂成功，并取得最佳效果，在压裂液设计中需要遵循以下几个方面的原则：

（1）网络裂缝原则。

（2）最大改造体积原则。

（3）满足裂缝导流能力及携砂能力原则。

（4）快速返排、支撑剂有效支撑裂缝原则。

2.压裂液优化设计

（1）滑溜水压裂液优化设计。根据天然裂缝发育情况、改造体积的要求，对降阻水进行优化设计，同时考虑泵注排量对降阻水降阻效果的影响。对于天然裂缝比较发育、基质渗透率低的页岩储层，降阻水难以进入基质，需用低黏度的降阻水张开天然裂缝，利用黏度低易于流动的性能，以及快速充满天然裂缝的特点，扩大改造体积；对于天然裂缝比较发育，而基质渗透率相对较高的页岩储层，需要采用黏度相对较高的降阻水，利用高黏度能降低滤矢量的性质，降低降阻水对基质的滤失，从而延长人工裂缝，提高改造体积。

（2）胶液压裂液优化设计。根据天然裂缝发育情况、改造体积，压裂缝高的要求，以及支撑剂规模、裂缝导流能力的要求，并考虑泵注排量对胶液压裂液降阻效果的影响，对胶液压裂液进行优化设计。对于天然裂缝不发育，可能形成双翼对称缝，而且对控制缝高要求不严格，主要目的具有较高导流的人工裂缝，需要胶液的黏度比较高，提高携砂、输砂能力；反之，在满足砂浓度的情况下尽可能降低胶液的黏度。

（3）降阻水、胶液压裂液比例优化设计。降阻水、胶液压裂液可以单独使用，也可能混合使用，但是两者之间的比例不是一成不变，以追求最佳改造体积并获得较好的改造效果为目标，根据地层情况，压裂需求优化两者之间的比例，页岩水平井由于井筒方位与地应力的影响，钻完井污染等因素，趾部压裂难度比较大，因此，一般情况下，在趾部通常需要提高胶液的比例，同时靠近根部则要降低胶液的比例。

（4）破胶设计。压裂液在完成造缝、输砂任务后，失去了其应有的作用，需要为压后的产量让出通道，因此，最后一项任务就是破胶。根据压裂液破胶实验，破胶剂的浓度与破胶时间成反比，破胶时间又与环境温度成反比。压裂施工过程中大量泵注压裂液使裂缝内的温度大大低于地层温度，在该温度条件下破胶时间也将会大大延长，因此需要考虑对破胶剂的加量进行调整。同时，在水平井压裂过程中，压裂时间比较长，完成15段压裂施工，预计需要5～7天，然后才能开井返排。因此，需要设计不同压裂段的破胶时间，根据缝内温度场的变化，破胶时间要求，通过调整破胶剂的加量来实现破胶速度的控制。

3.配液要求

（1）降阻水压裂液配液要求。如果全部原材料为溶液，利用射流泵辅助配液，能够实现在线配制。配液顺序：依次加入降阻剂、黏土稳定剂、助排剂及其他添加剂，循环均匀后可以直接使用。降阻剂遇水易团聚，防止形成"鱼眼"影响黏度，堵塞地层。

（2）胶液压裂液配液要求。增稠剂通常为固体粉末，交联剂为液体，黏土稳定剂为淡黄色液体，助排剂为液体，破胶剂为固体粉末。可以利用射流泵辅助配液或者气动配制设备实现在线配液。配液顺序：依次加入增稠剂、黏土稳定剂、助排剂，循环均匀后完成配液，交联剂、破胶剂施工时通过混砂车按照设计量添加。增稠剂遇水易团聚，防止形成"鱼眼"影响基液的黏度，堵塞地层。

四、支撑剂优选

压裂支撑剂是在水力压裂时地层压开裂缝后，用来支撑水力裂缝不使裂缝闭合的一种固体颗粒。它的作用是在裂缝中铺置、排列、支撑形成水力裂缝，从而在储层中形成远远高于储层渗透率的支撑裂缝带，使流体在支撑裂缝中有较高的流通性，减少流体的流动阻力，达到油气井增产、水井增注的目的。

理论研究与现场实践证明，在储层条件与支撑裂缝相匹配时，水力压裂效果与支撑裂缝导流能力关系密切。支撑裂缝导流能力是指裂缝传导（输送）储层流体的能力，并以支撑带的渗透率与宽度的乘积来表示。支撑剂的优选是压裂设计中的重要环节之一，其性能的好坏直接影响油气井增产能力的高低。

压裂支撑剂的选择必须基于油气藏的就地应力、开采时的井底流压，且与储层相匹配，以及满足压裂施工设计所要求达到的砂液比，使裂缝内在所能达到的支撑剂铺置浓度下满足油气藏所需要的导流能力。

（一）压裂支撑剂类型及适用条件

为了适应各种不同地层及不同井深压裂的需要，人们开发了许多种类的压裂用支撑剂，国内外大量使用的支撑剂可分为天然和人造两大类。天然支撑剂主要以石英砂为代表，是最早用作支撑剂的材料；人造支撑剂主要以陶粒为代表。还有一些其他材料的支撑剂使用记录，如铝球、金属丸、玻璃球、胡桃壳、塑料球和聚合物球等。

由于天然石英砂价格相对低廉、应用量大，人造陶粒抗压强度高、品种繁多，目前这两种支撑剂被国内外大量使用。

不同支撑剂所提供的导流能力不同，一般能提供高导流能力的支撑剂价格较昂贵，如人造陶粒通常是天然石英砂价格的3~5倍，所以支撑剂的优选还要考虑经济的因素。

1.石英砂

石英砂多产于沙漠、河滩或沿海地带。如美国渥太华砂、约旦砂和国内兰州砂、承德砂等。天然石英砂的主要化学成分是二氧化硅（SiO_2），同时伴有少量的氧化铝（Al_2O_3）、氧化铁（Fe_2O_3）、氧化钾（K_2O）、氧化钠（Na_2O）、氧化钙和氧化镁（$CaO+MgO$）。

天然石英砂的矿物组分以石英为主。石英含量（质量分数）是衡量石英砂质量的重要指标。据统计，国内压裂用石英砂中的石英含量一般在80%左右，且伴有少量长石、燧石及其他喷出岩和变质岩等岩屑。就石英砂的微观结构而言，石英可分为单晶石英与复晶石英两种晶体结构。单晶石英是指颗粒由一个石英晶体组成，晶体内部有化学键结合在一起，结构紧密。复晶石英是由两个以上的单晶石英聚集在一起而形成的集合体，与单晶石英比较，内部结构相对松散，常见缝隙出现。在天然石英砂的石英含量中，单晶石英颗粒所占的重量百分比越大，则该种石英的抗压强度越高。

一般石英砂的视密度为2.65g/cm³左右，体积密度约为1.70g/cm³。虽然石英砂密度低，易于泵送，但抗压强度低，当地层闭合压力大于28MPa后就开始大量破碎，其导流能力大幅度下降。故石英砂一般用于地层闭合压力小于28MPa的浅井中。石英砂支撑剂货源广、价格便宜，100目（0.154mm）左右的石英砂粉砂可作为固体降滤剂使用。

2.陶粒支撑剂

随着深层致密油气层的开发，油气层闭合压力增加到一定值，石英砂已不能适应此类储层水力压裂的要求，因而陆续研制了高强度的人造陶粒支撑剂。

人造陶粒主要由铝矾土（氧化铝）烧结或喷吹而成，具有较高的抗压强度，一般划分为中等强度和高强度两种陶粒支撑剂。

中等强度陶粒支撑剂材料是由铝矾土或铝质陶土制造的，视密度为2.7~3.3g/cm³。其组分为氧化铝（Al_2O_3）或铝质的重量百分含量为46%~77%，硅质（SiO_2）含量占12%~55%，还有不到10%的其他氧化物。晶相分析表明，低铝材料的组成大部分为莫来石（$3Al_2O_3 \cdot 2SiO_2$，或称之为富铝红柱石），以及少量的方石英（SiO_2的一种存在形式），颜色大多呈灰色。

高强度支撑剂由铝矾土或氧化锆的物料制成，视密度约为3.4g/cm³或更高，其化学组分中，氧化铝的含量可达85%～90%，氧化硅占3%～6%，氧化铁（Fe_2O_3）占4%～7%，氧化钛（TiO_2）占3%～4%。高含量的铝硅物料使这种支撑剂比中强支撑剂具有更大的密度，物料经热处理后，主要晶相是刚玉，但也存在少量的莫来石晶相或玻璃晶相，颜色呈墨色。

人造陶粒由于抗压强度高，能在较高地层闭合压力（大于30MPa）下提供较高的导流能力，适用于较高地层闭合压力的深井、超深井。

3.覆膜支撑剂

覆膜支撑剂是将改性酚醛树脂包裹到石英砂的表面上，经热固处理制成。它的视密度为2.55g/cm³左右，略低于石英砂。在低应力下，覆膜支撑剂的性能与石英砂相近，但在高应力下，覆膜支撑剂的性能则远优于石英砂。

（二）支撑剂优选

在大多数页岩压裂中，使用的支撑剂是不同特性的石英砂、覆膜砂和陶粒等，特别是小尺寸支撑剂（如100目、40/70目）较常使用，较大尺寸的支撑剂（如30/50目、20/40目）常用在复合压裂液体系、储层需要较高的导流能力等情形中。调查发现，在埋藏较深的页岩中，石英砂在较高应力条件下破碎率高、长期导流能力较小，此情形下通常需要高强度的支撑剂，如陶粒、覆膜砂等。较小粒径的支撑剂（如100目）砂常用来作为支撑剂段塞使用，一方面可阻止裂缝过度延伸，降低滤失，特别在减少前置液的体积和降低排量时更为有效，另一方面100目砂会在人工裂缝内形成一个楔形结构，起到一定支撑作用。

最近出现了一种密度较低的支撑剂，该类支撑剂具有独有的特点，将改变现行压裂作业的方式方法和效果。与常规支撑剂相比，超低密度支撑剂可以降低支撑剂在裂缝中的沉降速率，改善铺置效果，从而提高裂缝导流能力，因此能减小对设计标准和参数的限制。尤其在页岩压裂使用滑溜水压裂时，液体黏度较低，用低密度支撑剂在一定程度上能降低砂堵风险，且可以提高砂比。室内实验研究表明超低密度支撑剂与同粒径传统支撑剂相比，有效支撑裂缝面积可提高5倍以上，与小粒径的常规支撑剂相比，有效支撑裂缝面积可提高4倍以上。超低密度支撑剂单层分布与常规支撑剂多层分布相比，裂缝导流能力更高。

（三）压裂返排液处理

我国页岩开发区块多处于丘陵地带，水资源短缺，难以满足大规模压裂所需的水源要求。同时，压裂后产生了大量的返排液（返排率30%左右），返排液中化学耗氧量（Chemical Oxygen Demand，COD）值高，色度高、悬浮物含量高，使得无害化处理难度大、费用高。将返排液回收再利用，不仅可以缓解页岩压裂水资源短缺的问题，同时还可以减少废液排放。

目前国内外常用的压裂返排液处理技术有：活性炭吸附法、MVR（Mechanical Vapor Re-compression）蒸馏技术、电絮凝技术、Fe/C微电解法、超声波氧化技术、超临界水氧化法等。这些技术都能有效处理压裂返排液，去除石油类物质、悬浮物以及难降解有机物。

1.Fe/C微电解法

Fe/C微电解法也被称为内电解法，它集氧化还原、絮凝吸附、络合及电沉淀等作用于一体。

工作原理：在含有酸性电解质的水溶液中，铁屑与炭粒间形成无数微小的原电池，并在作用空间构成一个电场。电场效应会破坏溶液中分散胶体的稳定体系，胶体离子沉淀或吸附在电极上，从而去除溶液中悬浮态或胶体态的污染物。另外通过电极反应生成的新生态Fe和H都具有较强的还原能力，能使某些氧化态有机物还原为还原态，并使部分难降解的环状有机物裂解，从而降低废液的COD值。新生态的Fe^{2+}与Fe^{3+}都是良好的絮凝剂，能进一步吸附废水中的污染物以降低其表面能，最终聚结成较大的絮体而沉淀。

2.MVR蒸馏技术

MVR是指机械式蒸汽再压缩，它是重新利用自己产生的二次蒸馏能量，从而减少对外界能源需求的一项节能技术。

工作原理：利用蒸发器蒸发出来的二次蒸汽，经过压缩机压缩，压力和温度得到升高，同时热焓增加，然后送到蒸发器的加热室作为加热蒸汽的热源使用，使液体维持沸腾状态，而压缩后的蒸汽被冷凝成蒸馏水。该技术与传统蒸馏技术相比，更能节约能源，提高了能源使用效率，处理后能得到纯净的蒸馏水。

3.电絮凝技术

电絮凝技术是利用电能的作用，在反应过程中同时具有电凝聚、电气浮和电化学的协同作用。

工作原理：首先在电源的作用下，利用铁板或铝板作为电絮凝反应器的阳极，经过电解后阳极失去电子，发生氧化反应而产生铁、铝等离子。然后经过一系列水解、聚合及亚铁的氧化过程，生成各种絮凝剂（如羟基络合物、氢氧化物等），使污水中的胶体污染物、悬浮物在絮凝剂的作用下失去稳定性。最后脱稳后污染物与絮凝剂之间发生相互碰撞，生成肉眼可见的大絮体，从而达到分离。

4.声波氧化技术

超声波氧化技术是利用臭氧与超声波联用，发生水力空化反应，从而促进臭氧分解生成羟基的处理技术。

工作原理：主要是发生了水力空化作用，即：水进入含有超声波的反应器时，将由于震动产生数以万计的微小气泡，并逐渐变大，最后发生剧烈的崩溃，从而产生羟基去除难降解有机物，提高了难降解有机物的去除效率。

五、压裂工具

（一）套管固井滑套

套管固井滑套分段压裂技术是近年来油气井工程技术领域的一项新型完井技术，主要应用于页岩，低渗透产层、薄油层的直井、水平井的压裂增产改造，该项技术可根据储层开发需要，将滑套与套管连接一趟管柱下入井内，实施固井作业，待水泥浆凝固后下入滑套开关工具或投入憋压球，将各层段滑套有选择性打开，针对性地对产层进行分段压裂，提高油气采收率。

根据使用工况的不同，套管固井滑套可分为机械开关式固井滑套、投球式固井滑套和压差式固井滑套3种。

1.机械开关式固井滑套

机械开关式固井滑套主要工具包括固井滑套、液压式开关工具、节流阀和新型固井胶塞等。

（1）结构组成：

①固井滑套。机械开关式固井滑套主要包括上接头、本体、内滑套、下接头、密封组件及包覆层等。

机械开关式固井滑套设计为上行打开方式，保证固井时顶替塞下行不会将滑套提前打开，其中滑套打开和锁紧机构采用弹性定位机构，结构简单，可靠性高。

本体周向上设计有轴向加长的压裂孔眼，周向上布置6个，总的泄流面积大于套管的过流面积，避免流体流经压裂孔眼时产生节流压差，降低压裂效果，减小流体节流压差对工具的冲蚀破坏；本体内表面在滑套开启、关闭位置均设计限位槽，以防止内滑套位于开、关位置时发生移动。

内滑套外部设计有四道密封槽，主要是在入井及打开前使滑套内外形成密封，且承受70MPa的内压力。内滑套与本体之间采用双O形圈密封结构，密封压力及工作温度均符合要求，确保高压下密封性能及滑套滑动性能。内滑套上端台肩处开有沿周向排布的槽，使得内滑套限位块进出限位槽时具有弹性，防止卡死；内滑套台肩采用一端直面，一端斜面式设计，以利于锁块滑入或者滑出台肩凹槽，也有利于开关工具直面与台肩直面锁住，确保工具开关性能。

本体压裂孔眼外侧覆盖有复合材料包覆层，且压裂孔眼与内滑套之间均填充黄油和水泥填充物，以防止工具入井及固井施工时井内碎屑及水泥浆影响滑套开关性能。滑套入井后，进行压裂施工前采用压裂液可将包覆层降解和将水泥式填充物压开。

②开关工具。连续油管液压式开关工具属于连续油管配套工具中的重要部件，可用于对机械开关式固井滑套、投球打开式固井滑套进行打开与关闭操作。目前，常见的开关工具主要有液压式和机械式，液压式又有单液缸、

双液缸两种形式。通过将两套开关工具首尾相连，末端加上节流阀，通过油管内以一定流量泵入完井液，节流阀产生的节流压差作用于开关工具液缸上，可实现下入一趟管柱多次开、关滑套操作。

液压式开关工具主要包括上下接头、本体、锁块、液缸、弹簧和节流阀等。

开关工具下接头连接节流阀，在泵入一定排量时产生节流压差，同时管串入井时节流阀也充当引鞋的作用。节流阀上开有斜孔，目的是减小循环液体对套管内壁的冲击。采用双向液缸设计，通过弹簧确保锁块释放和收缩时两侧受力均衡，提高开关可靠性。当节流压差作用于开关工具两液缸上，压缩弹簧Ⅰ，液缸移动，锁块在弹簧Ⅱ作用下外突，并与内滑套台肩卡紧、配合；锁块采用四块对称式结构，确保开关工具对滑套进行开关操作时受力均衡。

开关工具上、下接头处设有扶正环，确保工具在套管内居中，防止发生偏斜，导致锁块与台肩不能配合；开关工具上端连接连续油管松开短节，防止工具入井发生遇卡等事故时，开关工具与连续油管紧急脱开；当地面停泵时，连续油管内压力降低，两个液缸在弹簧的作用下恢复原位，并压缩锁块，锁块收缩，与内滑套台肩脱离。当两个开关工具首尾相连，并将第二个工具锁块调换方向，可对固井滑套实现一趟下入开、关操作。

③固井胶塞。机械开关式固井滑套分段压裂工具为全通径设计，施工结束后无需下钻具进行钻除作业，但滑套限位槽及弹性定位机构处内径大于配套套管内径，常规固井胶塞不能有效刮拭滑套处残留的水泥浆，已不满足套管固井滑套分段压裂工具的施工要求，因此需要新型的长翼高效固井胶塞。

机械开关式固井滑套配套固井胶塞主要由导向头和胶塞体两大部分组成。其中导向头与球座中的锁紧座配合进行碰压。胶塞体作为固井施工时顶替的主要工具，主要包含六个胶碗，其中两个大胶碗分别位于胶塞体首末两端，小胶碗位于胶塞体中部，胶塞体在管柱中下行时，大小胶碗可在刮削套管内壁的同时，大胶碗还用于对滑套内径较大的内壁位置进行刮削，以达到对全管柱内壁进行刮壁和清洗的目的。

（2）工作原理。机械开关式固井滑套与套管管柱一趟下入井内后，实施常规固井、候凝。压裂施工时，下入连续油管开关工具，以一定流量泵入完井液，在管串末端节流阀节流作用下产生一定压差，开关工具锁块在压差作用下外突，与内滑套台肩配合锁住，上提管柱，将滑套打开。从油套环空泵入压裂液与支撑剂进行相应层位压裂施工。压裂施工结束后，下放开关工具至该层滑套处，将滑套关闭，上提开关工具管串至下一储层滑套处，进行下一层位施工操作。

（3）技术优势。机械开关式固井滑套有如下技术优势：

①适用于各种低渗油气藏、多层薄油气藏的压裂增产改造工作。

②可广泛适应用于直井、水平井、大斜度井等井况。

③固井滑套和开关工具结构简单，工具具备管柱内全通径，利于后期液体返排及后续工具下入，施工可靠性高。

④施工压裂级数不受限制，可实现无级差操作。

⑤可根据产层后期底水锥进等复杂情况，通过关闭相应产层滑套进行，以实现封堵底水，改善井内油气生产压差分布。

⑥无需钻除内套操作，减少作业周期，降低作业成本。

2.投球式固井滑套

（1）结构组成：

①固井滑套。投球式固井滑套主要包括上接头、本体、内套、卡簧、下接头、密封组件、球及球座等。上接头上部设计有内螺纹套管扣，用于与套管连接，下部设计有外螺纹及密封槽，外螺纹与本体上设计的内螺纹连接，密封槽内装有密封圈，并与本体螺纹下部的密封面形成密封。本体周向上设计有轴向加长的压裂孔眼，周向上布置6个，总的泄流面积大于套管的过流面积，避免流体流经压裂孔眼时因孔径节流产生节流压差，降低压裂效果，减小流体节流压差对工具的冲蚀破坏；本体下端设计有内螺纹及密封面，内螺纹用于与下接头上端设有的外螺纹连接，密封面与下接头密封槽装有的密封圈形成密封。下接头下端设计有外螺纹套管扣，与套管接箍连接。

本体内表面在滑套开启、关闭位置均设计卡簧槽，与内套外部装有的卡簧形成配合。卡簧两端设有倒角，可以实现开关双向的移动和定位。内套外部设计有四道密封槽，主要是在入井及打开前使滑套内外形成密封，且能承受70MPa的内压力。内套下端设计有内螺纹及密封面，内螺纹与球座外部设有的外螺纹连接，球座外部设有密封槽，组装密封圈后与密封面形成密封。内套的上端和下端分别设有与开关工具锁块配合的凹槽，用以实现滑套的开关功能。

投球式固井滑套的关键在于内部球座。在有限的尺寸区间内，在增加压裂级数的同时确保憋压球承压能力达70MPa，球座与憋压球接触采用球面及线组合接触的方式，防止球被挤入球座内，导致憋压球的承压能力低而影响压裂施工。根据施工要求，固井胶塞需要通过球座，受胶塞尺寸限制，球座尺寸不能过小，因此，在满足目前现场应用的条件下，需根据憋压球的承压能力对滑套球座尺寸进行合理布置。

②固井胶塞。投球式固井滑套分段压裂工具内通径随球座内径变化而变化，常规等直径胶碗固井胶塞不能有效刮拭内径尺寸变化较大处残留的水泥浆，已不满足套管固井滑套分段压裂工具的施工要求，因此需要设计新型的复合胶碗固井胶塞。

投球式固井滑套配套胶塞主要由导向头和胶塞体两大部分组成。其中导向头与碰压锁紧座配合进行碰压。胶塞体作为固井施工时顶替的主要工具，主要包含六个胶碗。

此外，为满足胶塞碰压准确性和安全性，同时确保固井施工时工具过流能力，胶塞导向头与碰压锁紧座之间配合面直径参考同规格浮箍浮鞋标准尺寸。

（2）工作原理。投球式固井滑套由下至上按内部球座的孔径由小到大依次排序下入井内。管串下入到位后进行固井施工，固井结束后进行压裂作业。入井时，投球式固井滑套本体上设计的压裂孔眼处于封闭状态，当需要压裂时，依次投入由小到大配套的憋压球。当憋压球运行至球座时，与球座设计的球面形成密封，加压并剪断固定内套与外筒的剪钉，内套下行，压裂孔眼被打开，内套通过卡簧固定在本体内，不能向上运行，避免打开的压裂孔眼泄流面积变小及关闭现象的出现。

压裂孔眼打开后进行压裂施工，在压裂液不断注入下，在地层应力低的地方将形成裂缝，从而实现压裂的效果。压裂结束后，根据后续施工要求，可下入钻具钻除球座，实现管柱内全通径；如遇产层出水等情况，可下入配套开关工具将出水产层滑套关闭。

（3）技术优势：

①适用于各种低渗油气藏、多层薄油气藏的压裂增产改造工作。

②可广泛适用于直井、水平井、大斜度井等井况。

③投球打开滑套，施工快捷迅速，节约了施工时间和成本。

④憋压球可返排或分解。

⑤球座钻除后可实现管柱内全通径，根据产层后期底水锥进等复杂情况，通过关闭相应产层滑套进行，以实现封堵底水，改善井内油气生产压差分布的目的。

3.压差式固井滑套

（1）结构组成。为了施工需要，增加压裂级数，减少投球工序，故将最底部的滑套设计为压差式固井滑套。压差式固井滑套由上接头、本体、内套、防退卡簧、下接头、剪钉及密封圈组成。

本体周向上设计有轴向加长的压裂孔眼，其在组装及入井状态下靠内套的两个密封圈将滑套内外隔离及密封；本体内部和内套外部设计上大下小的圆筒，两零件组合后形成一液压腔。本体液压腔处设计有传压孔，避免液压腔为死腔，在液压力的作用下无法打开压裂孔眼。上下接头均为标准的套管扣，压差式滑套可以与连接的套管组装，作为管串的一部分。为防止打开后的泄流面积降低，内套外部装有防退卡簧。防退卡簧设计有锯齿螺纹，与本体内部设有的锯齿螺纹啮合，防止内套倒退，关闭或降低压裂孔眼的过流面积。

（2）工作原理。施工时，压差式固井滑套液压腔内填满黄油，防止固井过程中水泥浆进入液压腔内，待水泥凝固后，压裂管串加压至40MPa，压差式滑套靠面积差的作用力推动内套下行，剪断剪钉，逐渐打开压裂孔眼。内套下行期间，C形螺纹卡簧不仅对内套起缓冲作用，而且可防止和降低下部高压、高速流体对滑套内套产生反向冲击力导致的滑套关闭风险。压裂孔眼打开后，在压裂液不断注入下，在地层应力低的地方将形成裂缝，从而实现压裂的效果。

（3）技术优势：

①适用于各种低渗油气藏、多层薄油气藏的压裂增产改造工作。

②工具结构简单，具备管柱内全通径，利于后期液体返排及后续工具下入，施工可靠性高。

③作为压裂管串的最下一级及压裂施工的第一级，液压方式打开，打开压力稳定，且打开后反向锁紧机构确保滑套可靠性。

4.套管固井滑套现场施工工艺

（1）通井作业要求。下套管前应用原钻具下钻通井，分段循环通井，必要时增加扶正器，在全角变化率大的井段反复大幅度活动钻具，彻底清除岩屑床，保证井眼畅通无阻，调整好钻井液性能，起钻应在大斜度井段注入润滑剂。

（2）管串设计。套管固井滑套数量、位置由甲方根据录井或电测情况确定。

（3）固井施工工艺流程。固井施工工艺流程如下：①管汇试压；②隔离液；③冲洗水泥浆；④注领浆、注尾浆；⑤注入隔离液；⑥卸井口，投胶塞；⑦替清水；⑧替泥浆；⑨碰压；⑩放回水检测附件密封，候凝。

（4）固井施工注意事项

①计量控制。固井时需要精确计量注浆量，进行泥浆罐、流量计、泵冲三种方式计量，三种计量尽可能一致，胶塞过球座时需要提前$3m^3$降排量，排量降至$1m^3$，确保胶塞安全通过球座及完成碰压。

②替浆控制。进行替浆作业时，水泥浆需要替至压差滑套以上、第一级压裂滑套以下，确保压差滑套能够顺利打开。

③扶正器安放位置。刚性扶正器在套管管鞋以上连续加2个，在斜段加刚性旋流扶正器，水平段采用刚性旋流扶正器，其他采用弹性扶正器，位置根

据井眼实际情况进行调整。

（5）分段压裂设计：

①压裂分层原则和依据：根据地质与工程条件；录井气测有显示；杨氏模量与铀、钍值的相关性即杨氏模量中等，铀值中等或偏高，钍值低；依据水平段脆度曲线，选择脆性较好且相对平稳的层段。

②分段数选择。为尽可能多地沟通地层体积和天然裂缝，在工艺条件许可的情况下应采用较大的分段级数；但在井深较深，水平段长，施工压力高的条件下，分段级数越多，则水平段趾端压裂施工排量越低。

③压裂施工程序：

a.按设计要求下好压裂管柱。

b.按设计要求备好压裂液，现场调试交联比和优化控制破胶剂浓度。

c.按要求安装井口投球管线，连接高压管线。

d.压裂车走泵、循环。

e.地面管线试压70MPa，监测10min压力，不刺不漏为合格，然后泄压。

f.打开井口阀门，打开压差滑套，按测试压裂泵注程序进行测试压裂。

g.按第1段施工泵注程序实施第1段压裂。

h.第1段压裂施工结束后，投球，按第2段施工泵注程序压第2段。

i.依此类推，进行各级的压裂施工。

（6）施工异常情况处理。砂堵应急预案：在压裂施工过程中如果发生砂堵现象应立即采取相应措施。

①立即返排。当发生砂堵后，第一就是在可控制的条件下进行返排。返排时不要反复开井关井，这有助于液体从地层中排出。如果管柱内已经返排干净，返出了所有的压裂液和支撑剂，并且管柱内下一级堵球（如果已经投入）返出地面。观察出液含砂情况，当出液口基本不出砂时，继续施工，用基液5m³挤入井筒后投球。若放喷不返液，则下连续油管循环洗井，进行下步措施。

②下入连续油管循环洗井。下入连续油管冲洗井筒中的支撑剂。井筒被清理干净后，在水平段仍然可能有支撑剂留在管柱底部。因此必须清理干

净，然后起出连续油管。

③打开滑套。用连续油管下入滑套打开专用工具至球座位置，打压并开启滑套。起出连续油管投球并进行下一级压裂施工。

④下磨鞋磨铣：

a.当井停止返排，部分液体和支撑剂留在井筒中且堵球留在井内。下入连续油管底带磨鞋，边下入边冲洗，将堵球缓慢推向球座。如果磨鞋顺利通过球座，说明堵球已经碎，继续冲洗至井筒干净，起出连续油管，重复第三项，打开滑套工序投球并进行下一级压裂施工。

b.当磨鞋不能通过球座时，说明堵球依然存在，继续冲洗并用连续油管给堵球施加重量，憋压开启压裂滑套。如能打开则起出连续油管进行下一级压裂施工。

⑤下研磨钻头磨铣。如不能打开压裂滑套，说明球已破损不能密封球座。则下连续油管底带研磨钻头。当钻头接近堵球时，启动马达并磨碎堵球，循环洗净球座处碎屑，起出连续油管，重复第三项，打开滑套工序投球并进行下一级压裂施工。

滑套不开启：滑套不开启时，继续憋压到套管抗内挤安全压力的70%，若无效，转压下一级压裂施工。

（二）易钻桥塞及配套工具

易钻桥塞是进行页岩等非常规油气资源水平井分段完井的关键工具。通过易钻桥塞和射孔枪有效划分单元压裂，能够控制裂缝起始点，又能沟通天然裂缝网络，是追求页岩单井产能最大化的有效完井方式。北美85%的页岩开发井均采用水平井泵送易钻桥塞进行多级分段完井。

1.易钻桥塞的结构组成

易钻桥塞主要由单向阀及适配机构、上下锚定机构、密封组件、辅助推送及导向机构等五大部分组成。其中单向阀及适配机构包括单流凡尔、转换连接及丢手机构，主要功能是连接桥塞与专用坐封工具，保障桥塞坐封后可以通过剪切销钉实现坐封工具与桥塞丢手，释放桥塞，单向阀提供单向过流通道。上下锚定机构包括上部单向卡瓦及上锥体、下部单向卡瓦及下锥体、箍簧及卡瓦座、卡瓦及锥体定位销钉，主要功能是将桥塞锚定在预定的套管内壁上，为桥塞定位提供足够的轴向锚定力，同时为胶筒提供内部自锁，为桥塞密封提供保障。密封组件由胶筒、肩部保护机构组成，主要功能是在外力的挤压下胶筒产生变形，封隔套管环空，肩部保护机构通过外力挤压产生径向变形，为胶筒提供肩部保护作用，借此提高胶筒的密封性能，实现桥塞的高压作业能力。辅助推送及导向机构主要由单向承流皮碗、下接头组成，单向承流皮碗为井筒内液力推送提供一个单向密封的活塞，下接头为桥塞提供导向作用，同时为多级桥塞钻塞时起到定位和防转作用。

2.工作原理

桥塞下入井筒设计位置，通过坐封工具或其他装置做功给力，推动桥塞坐封套（相对上接头及中心管等）下行，剪断上卡瓦座及上卡瓦剪钉，上卡瓦座及上卡瓦下行剪断上锥体剪钉并同步下行，压缩卡瓦张开，组合胶筒产生径向变形，紧贴套管内壁并继续下行，撑开胶筒保护机构，依次剪断下锥体及卡瓦剪钉，上、下卡瓦及胶筒组件同步继续张开，实现桥塞锚定及封隔套管上下环形空间分层的目的。

3.配套工具

（1）坐封工具。易钻桥塞主要采用电缆坐封工具进行坐封，在电缆泵送不成功的情况下，可采用液压坐封工具进行坐封。

①电缆坐封工具。电缆坐封工具主要用于桥塞在油气井内投放及坐封。主要特点是不需专用修井作业设备，不需起下油管投送坐封桥塞，可以与电缆射孔联作，施工操作简单，提高了水平井多级分段的完井效率。

电缆坐封工具结构主要由点火增压部分、机械力转换部分、缓冲泄压部分、适配丢手部分等组成。其中，点火增压部分由电缆接头、点火器、火药筒组成，主要起连接、通电、点火、燃烧释放能量作用；机械力转换部分由燃烧室、连接套、活塞、芯轴、传压套等组成，其主要作用是将火药燃烧产生的化学能转换成机械能做功推动桥塞坐封；缓冲泄压部分由活塞、芯轴、传压套、液压油、胶塞等组成，主要作用是缓冲能量序列的转换及传递，保证桥塞的平稳坐卡坐封，当完成桥塞坐封丢手后，活塞达到预定行程，露出泄压孔释放火药燃烧所产生的多余能量；适配丢手部分由传压套、连接杆、剪销等组成，主要起连接、传压坐封和丢手释放桥塞等作用。

②液压坐封工具。油管输送液压坐封工具主要用于桥塞地面试验，模拟井试验、需油管投送及液压坐封作业。

其结构主要由上接头、调节环、滑套、上活塞限位套、上中心管、上活塞、下中心杆、下活塞、下活塞套、丢手套、坐封套等组成。通过上接头连接外部液压源，液力从上活塞限位套和下中心杆的进液孔进入上下两级活塞腔，当达到启动压力时，两级活塞推动坐封套剪断防阻销钉，坐封套继续下行做功，压缩桥塞坐封坐卡，桥塞完全坐卡坐封后，继续提高泵压至丢手销钉剪断，完成桥塞丢手，活塞继续下行，上活塞腔与油套环空连通泄压，完成桥塞坐卡坐封及丢手全部过程。

（2）高压井口电缆密封装置。高压井口电缆密封装置主要用于保障电缆作业时井口的安全，在作业过程中电缆处于静态和动态状况下密封井口，或是在作业过程中井口有溢流不能控制及其他意外情况时关闭井口，防止井喷事故的发生。

（3）电子选发多簇式射孔系统。簇式射孔工艺是在利用多芯电缆多级起爆实施多级射孔的基础上，采用单芯电缆，在专用智能化控制仪器的作用下，一次入井输送多支射孔器，并且根据测定的不同井深实现分级多次起爆的射孔工艺。这种施工工艺继承了电缆射孔的简便性，实现了射孔过程的智能化控制，极大提高了射孔效率。该射孔系统主要包括地面测控仪、簇式射孔软件、井下总控制器(简称井下总控)、安全序列起爆电子雷管及其他射孔通用器材。各模块完成主要功能如下：

地面测控仪：实施簇式射孔，监控井下各级射孔器状态，可靠性高的通信专用硬件设备；与标准测井系统兼容。

簇式射孔软件：用于自动精确控制地面测控仪与井下总控制器的系统通信，自检、控制簇式射孔，并及时反馈射孔信号等操作结果及记录作业信息。

井下总控：包括井下控制电路和磁定位器，主要完成电缆供电的稳压，地面通信信号的接收，井下信号遥传。

安全序列起爆电子雷管：接收多级射孔软件发出的特定信号，用于选定多级射孔枪中某级特定射孔器的起爆，否则不允许起爆。

其他射孔通用器材包括专用接头、弹架和枪身等器材。

簇式射孔流程的工作过程如下：

①下井前对电子雷管进行检测。利用专用测试仪器检测SSIED雷管是否正常，剔除异常原件。在模拟井下总控的工作条件和参数，检测桥丝电阻正常性，储能元件的充放电正常性，电路控制元件的通信和反馈等参数。

②连接各级射孔器。在连接的过程中，各级射孔器之间只需要走一根导线，射孔器的枪身作为地线。各级射孔器间使用专用接头连接。

③井下仪器即磁定位器与井下总控制器连到单芯电缆上。

④组合射孔器下井。

⑤经过磁定位器与电缆的配合，使射孔枪到达最底层射孔层位，校深。

⑥电缆输送停止，给井下总控制器通电。磁定位器控制电路通电后把磁定位器开关断开。

⑦井下总控制器自检并反馈给地面控制器，建立通信机制。

⑧井下总控完成射孔枪起爆过程。

⑨停止给电缆供电，磁定位器开关。断电自动闭合，切换到磁定位模式。

⑩判断所有射孔是否都完成，没有完成则回到第6步继续射孔。

（4）聚能射孔枪。聚能射孔枪可使射孔弹射孔与高能气体压裂两种做功形式有机结合，使射孔后的近井区域的地层渗透性得到改善，大幅提高近井地带的导流能力，提高压裂效果。该类射孔枪枪身选用加大壁厚的优质合金钢管，强度大，韧性好，采用盲孔与台阶孔结合的布局，较好解决了药柱能量与枪身膨胀之间的矛盾。

（5）复合材料桥塞专用磨鞋。复合材料桥塞专用磨鞋采用油管传输、动力螺杆钻具驱动。具有以下优点：

①设计采用具有切削功能的硬质合金块，使树脂纤维桥塞更易于磨铣钻除。

②设计采用六水眼分瓣式结构，提高了水力循环带屑效果。

4.施工工艺

主要工艺流程：第一段，采用爬行器带动射孔枪下至预定位置进行射孔（或采用油管传输射孔），取出射孔枪后，再进行套管压裂；第二段，采用电缆及水力泵送射孔枪和桥塞至预定位置，通过一趟电缆完成桥塞坐封和射孔联作，取出射孔枪，然后进行套管压裂。依次类推，完成多段封隔、射孔和压裂。最后通过连续油管（或普通油管/钻杆）下入磨铣工具钻除多段桥塞，完井投产。

六、压裂工艺优选

根据不同的水平井分段工具，目前主要形成了以下几种页岩水平井分段压裂工艺：

（一）可钻式桥塞封隔分段压裂

可钻式桥塞封隔分段压裂技术可实现逐段射孔、逐段压裂、逐段坐封，压后连续油管一次钻除桥塞并排液，是目前页岩储层应用较多的压裂改造工艺。该工艺主要特点为套管完井压裂、多段分簇射孔、快速可钻式桥塞封隔，压裂施工结束后快速钻掉桥塞进行测试、生产。

由于该技术把射孔和可钻桥塞联作，压裂结束后能够在很短的时间内钻掉所有桥塞，大大节省了时间和成本，同时缩短了液体在地层中的滞留时间，降低外来液体对储层的伤害，通过分簇射孔，每段可以形成3~6条裂缝，同时分簇射孔方式使得裂缝间的应力干扰更加明显，压裂后形成的裂缝网络更加复杂。另外，水平井水平段被分成多段，改造完成后整个水平井段可形成多段裂缝簇，改造体积更大，因此压裂后的效果也更好。

（二）多级滑套封隔器分段压裂

多级滑套封隔器分段压裂技术通过井口落球系统操控滑套，其原理与直井应用的投球压差式封隔器相同。该技术具有显著降低施工时间和成本的优点，其关键在于每一级滑套的掉落以及所控制的级差，级数越多，滑套控制要求越精确。

（三）水力喷射分段压裂

当页岩储层发育较多的天然裂缝时，如果用常规的方式对裸眼井进行压裂，大而裸露的井壁表面会使大量流体损失，从而影响增产效果。水力喷射压裂能够在裸眼井中不使用密封元件而维持较低的井筒压力，迅速、准确地压开多条裂缝。该技术不用封隔器与桥塞等隔离工具，实现自动封隔。通过拖动管柱，将喷嘴放到下一个需要改造的层段，可依次压开所需改造井段。适用于产层初期改造，具有用时少、成本低、定位准确等优点，在北美地区应用广泛。

（四）裸眼封隔器分段压裂

裸眼封隔器分段压裂是按地质和压裂要求，在相应位置下入裸眼封隔器和滑套，封隔器坐封后分隔井段，依次投球打开滑套进行压裂的工艺技术。其不需要尾管固井作业和射孔，通过投球实现连续压裂，节约作业时间。适用于裸眼内的多段压裂。技术关键在于裸眼封隔器、悬挂封隔器的有效性以及投球滑套的打开。

（五）机械桥塞分段压裂

机械桥塞分段压裂主要用于套管固井的多段压裂，其具有分段准确、卡封可靠、井下工具简单、施工风险小的特点，可实现一口井任意多段的压裂。

其施工步骤为：对全部压裂层段进行射孔；下入压裂管柱对第一段进行压裂，起出压裂管柱；下入桥塞卡封第一层段；下入压裂管柱对第二段进行压裂，起出压裂管柱；下入桥塞卡封第二层段；重复上述工序，实现多级分压；打捞出全部卡封桥塞。

第四章
油田采气工艺方法

第一节　采气工程的内容和特点

一、采气工程的内容

采气工程指在天然气开采工程中有关完井、测试、试井及生产测井、增产措施、生产流程与方法、井下作业与修井、地面井场集输等系列工艺技术的总和。

采气工程是以气藏工程成果为基础的复杂的系统工程，它针对天然气流入井筒后至进入输气管网之间的全部问题进行，重点是如何使气井的完井工艺和井筒内的生产工艺达到最优化，确保井筒内流体举升状态正常并顺利达到井口，维护气井的正常生产作业，确保气藏开发方案的实施。

（1）针对气藏的地质特点和气井的特点，制定完井技术方案，形成配套的气井生产工艺技术和产能。

（2）对气井进行生产系统节点分析，优化采气工艺方式，优选生产管串结构，提高气井生产效率。

（3）推广、应用各种新技术、新装备，解决气田开发的工程技术问题。

（4）制定和完善采气工程方面的施工作业标准、规范，确保气田日常生产制度的落实和安全生产。

二、采气工程的特殊性

（一）地质条件的特殊性

第一，我国的气藏大部分位于古生界和中生界地层，埋深大多介于3000～5000米，井筒内的举升作业困难大，特别是当气井产水时。美国气藏埋深多不超过3000米，苏联约有60%的气藏埋深不超过2000米。

第二，我国的气田普遍比较分散，天然气产出井口后仍然不易集中处理，导致井场和地面的流体分离、集输系统工作量大，生产效率受损。

第三，我国的气藏以低渗透、特低渗透类型为主，气井相对低压、低产，储层改造和气井增产作业难度大，并给天然气的举升带来不利影响。

（二）产水的危害性

采气和采油在开采方式和工艺上的差异，主要体现在水在开采过程中起的作用。水在油藏中是润湿相，可以作为推动力实施注水开发，但水在气藏中是减小天然气有效渗透率、降低气井产能、降低气藏采收率的主要因素，同时还严重降低了天然气在井筒中的举升能力，危害甚大。

（三）流体性质的高腐蚀性

部分气藏产出物具酸性特征，天然气中含有不同程度的酸性气体（如硫化氢、二氧化碳等），对气井的油、套管和设备具有腐蚀性，给采气工程作业及气井的生产配套装备提出了更为苛刻的要求。

（四）开采环境的高危性

天然气本身是易燃、易爆气体，加之其储存于高温、高压地层中，因此气田（气藏）的开发生产具有高度的危险性，对防井喷、防火、防毒和防爆的要求相当严格，显然增加了采气工程作业的难度。

第二节　气井完井方法和工艺

一、气井设备概述

气井生产流程主要包括地层内的流体流入井筒、从井底流到井口、从井口流出到井场的三个过程。首先要建立一个井筒（钻井），再建立一个从产层进入井筒的通道（完井），而井口装置用于控制流体从气井中有序地流出。

（一）井身结构

井身结构是指井身的钻头尺寸和相应的套管尺寸及层次，井身结构设计是钻井设计的重要内容之一。

气井一般采用三级套管结构，由上至下依次是表层套管、技术套管和油（气）层套管。表层套管用以封隔上部松软地层和水层，防止崩塌，便于安装采气井口装置；技术套管用以分隔难以控制的复杂地层，确保顺利钻进；气层套管则是要把生产层段和其他层位封隔开来，在井底建立起一条产层流体进入到井筒内部的通道，保证气井正常生产和其他作业。

（二）完井方法

完井是钻井钻进产层后如何建立井与产层之间关系的重要过程。最常用的完井方法是先期裸眼完成、尾管完成、射孔完成。

完井设计也是采气工程设计的重要内容之一，如何选择最合理的完井方法、保护产层不受污染，对气井产能大小有直接影响，这主要取决于气藏气层的地质情况、钻完井工艺技术和采气要求。

（三）井口设备

即采气井口装置，主要包括套管头、油管头和采气树。采气树在油管头以上，是由大小四通、高压闸门、高压针形阀组成的一套总装置，其作用是开关气井、控制气量大小、测量井的压力等。

（四）生产管串

气井的生产管串主要指油管。油管直径比气层套管更小，并安装在气层套管内，一般接近产层中部井深，形成油套管环形空间，天然气和地层水都通过油管流动到井口，因此油管的大小设计是否优化很重要，特别是对排水采气井。

二、气井完井方式

根据气井井底结构以及打开气层的方法，气井的完井方式有敞开型、封闭型和防砂型等三种类型。

（一）裸眼完井

包括先期裸眼完井和后期裸眼两种类型，其特点是用钻头直接钻开产层。这种完井方式的好处是产层打开程度高、水动力学意义上比较完善，有利于获取高产。缺点是容易出砂甚至崩塌，不利于压裂酸化等措施作业，不利于防止水的侵入。

先期裸眼完井是先下套管固井后再用钻头钻开产层，后期裸眼完井则是用钻头钻开产层后再下套管至产层上部位并固井。相对而言，先期裸眼的井控效果更好，且泥浆浸泡时间更短、有利于储层保护。

（二）射孔完井

钻开产层后将油层套管或尾管下至产层底部位置，固井，再下射孔枪、用射孔弹射穿套管或尾管、水泥环并深入地层。这种完井方式关键在于射孔工艺方法和技术。

射孔完井的优点是井壁牢固、不易崩塌，有利于酸化压裂施工，可以实施逐层测试和分层开采，比较经济。缺点是泥浆浸泡时间长、产层污染相对较重，对测井、固井作业的质量要求高。

（三）防砂型完井方式

防砂型完井方法主要针对疏松砂岩地层采用，实际上就是前面两类完井方式与各种方法技术的结合。目前，实际气田开发钻井中采用最多的是射孔完井方式。

第三节　气井井筒内的流动

一、井筒内的压力损失

流体从井底流到井口，首先要克服流体自身的重力。天然气的相对密度约0.6，密度约为0.7~0.8千克/立方米。如果气井井深在3000米以上甚至更高，那么天然气的重力影响还是十分显著的。

流体从井底流到井口还要克服油管内摩擦阻力的影响。天然气在油管内高速流动，必然要产生摩擦阻力，管材内壁的粗糙度越高，管材半径越大，或气井产量越高，都会增大流动带来的摩擦阻力。长时期使用的油管存在结垢，将会加大摩擦阻力；如果是气液两相流动，那么流体的流态还会增加另一种形式的摩擦阻力。

此外，还有部分机械能转换为热能而造成不可逆的能量损失，但单相流动时不可逆损失主要是摩擦损失。流体气井内从井底到井口的流动服从物质守恒和能量平衡原理，据此可以建立起描述流体在油管、套管甚至环空内流动的"稳定流动能量方程"。

二、井底压力计算方法

井底压力是我们进行动态分析的重要参数，但测量井底压力相当麻烦，不如测量井口压力方便、安全。如何把测得的井口压力计算到井底位置呢？依靠管内流体流动的"稳定流动能量方程"可以做到。

在讨论井底压力计算方法前，首先要弄清静止压力、流动压力、单相流动和多相流动几个概念，并由此引出了静气柱压力、动气柱压力、静液柱压力、动液柱压力等更多的概念。静气柱压力是指纯气井、油管内为单一气相、关井状态下的井底压力计算；动气柱压力则是指纯气井、开井状态下的井底压力计算；当气井产气液两相时就涉及到液柱压力的计算。无论怎样，这几个不同概念的压力计算方法也完全不一样，其中静气柱压力计算方法最简单，也最常用。

关井一段时间后，气井油管内呈静止状态，此时气体不再流动，摩阻损失和动能损失都不存在，只有重力损失，稳定流动能量方程将省略两个大项，表现出最简单的方式。

第四节　气井生产系统分析

一、气井节点分析方法概述此处背题

气井的生产，经历了天然气从地层岩石孔隙渗流到井底、完井段、井筒油管（从井底到井口）、气嘴、分离器、压缩机站、集输管线等数个环节，在采气工程研究中称之为气井生产系统。所谓"节点"是一个位置的概念，通过在气井生产系统中设置节点，可将系统划分成几个既相互独立、又相互联系的部分。

由于天然气在经过各个环节时都有能量消耗，各个环节内的压力损失都可以通过相应的计算模型进行分析，并且相互之间也是存在联系的。将各个环节作为一个完整的压力系统来考虑，综合分析各个环节的压力、产率关系和能量损失，预测改变中间某个或某些环节的设计后气井产量的变化，才能实现对气井整个生产系统的模拟和分析。

在运用节点分析法解决工程问题时，通常集中分析系统中的某一个节点，一般叫作"解节点"。整个生产系统都可以被理解为由解节点的上游部分和下游部分所组成，而对每一个解节点，都可以采用适当的模型进行计算、模拟和分析，进而对气井生产系统进行综合的分析。

利用节点分析法，可以确定气井目前生产条件下的动态特征，设计出合理的气井油管直径大小、生产管柱结构和投产方式，优化气井配产，找出限制气井产量的原因和提高产量的方法，提出有针对性的改造措施或调整方案，确定气井由自喷转为人工举升的最佳时机。

二、气井生产动态曲线的应用

气井生产动态曲线由流入动态曲线（IPR曲线）、流出动态曲线（OPR曲线）和油管动态曲线共三条曲线组成。

（一）流入动态曲线

气井流入动态曲线反映了某口具体井在不同地层压力、不同井底流压下产气量的大小，实际上是一套曲线簇。流入动态曲线根据试井获得的气井生产方程式绘制而成（二项式、指数式均可），可反映出天然气在地层中的渗流特征和能力，与横轴的交点即为该井的绝对无阻流量。

（二）流出动态曲线

流出动态曲线是在流入动态曲线基础上结合气井动气柱方程计算而得，实际上是给定地层压力下的一套井口油压的曲线簇（在不同的地层压力下）。它反映了地层压力一定时，不同产量下的井口压力特征。

（三）油管动态曲线

实际上是当给定井口压力不变时，利用油管动气柱方法计算的一套井底流压的曲线簇。它反映了在给定井身结构和油管串条件下，一定量的天然气通过油管到井口所需的井底压力。

（四）利用生产动态曲线合理配产和优选管柱

利用气井的生产动态曲线可以方便地确定在不同地层压力下的气井合理配产。如果绘制出不同油管直径下的流出动态曲线，就能够预测油管尺寸变化对产量的影响，进而优选出合理的油管串结构。一般来说，气井投产初期可采用大直径油管，当地层能量降低就改用小直径油管，有利于合理利用自然能量，增大井的带液生产能力，延长井的自喷生产期。

第五节　储层改造和气井增产措施

一、酸化工艺的基本原理

酸化是向气井井筒内注入各种酸液，通过化学作用接触产层污染、恢复和改善产层储渗能力的一种常用增产工艺。酸化可以解除在钻井、完井和其他作业过程中形成的污染、堵塞，这实际上起到了恢复地层渗透性能、恢复气井产能的作用。通过酸与地层岩石矿物质发生化学反应，还可使岩石空隙被扩大，裂缝被延伸，以此改善地层的渗透性能，提高气井产能。

（一）砂岩地层的酸化

砂岩地层的岩石矿物成分如石英、钾长石、钠长石、高岭石、蒙脱石等，以硅质矿物成分为主，多采用氢氟酸（HF）或土酸（氢氟酸与盐酸的混合液）为酸化液。化学反应的结果要生成氟硅酸，氟硅酸会与砂岩中的黏土矿物和长石进一步发生反应，生成一些沉淀物，此即硅质矿物溶蚀的一次和二次反应。因此，砂岩地层中黏土矿物成分、含量有可能影响储层的酸化改造效果。

（二）碳酸盐岩地层的酸化

碳酸盐岩地层的岩石矿物成分以白云石、方解石为主，故采用盐酸（HCl）为酸化液。化学反应的生成物 $CaCl_2$、$MgCl_2$等都溶于残酸，不会产生沉淀，可以通过放喷排放出地层。因此，碳酸盐岩地层的酸化施工增产效果大多较好。为了提高各种酸液对地层岩石的针对性和酸化施工效果，还研制出了大量添加剂，如缓蚀剂、表面活性剂、铁离子稳定剂、黏土稳定剂、助排剂等。

二、酸化施工工艺

针对不同情况的气井特点，已经形成了系列酸化工艺方式。目前已经得到广泛推广应用并取得良好效果的酸化工艺主要有：

（一）酸洗

又叫作酸浸。将少量低浓度酸注入到产层段并浸泡一段时间，或通过返循环使酸液不断沿射孔孔眼或井壁流动，酸液与地层岩石或污染、堵塞物反应，由此解除污染、提高井底附近地层渗透性能。酸洗的主要功能是清除井壁脏物，疏通孔眼，施工规模小（注酸量仅3~5立方米，酸液浓度低于

10%），一般作为大型酸化工艺前的预处理措施。

（二）常规酸化

又被称为基质酸化，施工压力低于岩石破裂压力，通过酸蚀岩石孔隙、扩大和延伸洞缝，恢复和提高地层的渗透性能。多作为新井完井或修井作业后、气井投产前的常规处理措施。

常规酸化的酸作用范围比酸浸更深，作业用酸浓度更高（15% ~ 28%），酸量也更大（20 ~ 50立方米），能有效解除钻井液和完井液对地层的损害。

（三）大型酸化压裂

一般称为酸压，即在较高的施工压力条件下实施酸化工艺，可以使酸化作用距离更远，甚至压裂造缝后再酸蚀扩大缝宽，因此气井的增产效果比普通酸化工艺更好。已经形成了酸压工艺措施系列，主要如：

1.前置液酸压工艺

常用在碳酸盐岩地层中，其原理是先用高黏度液体做前置液并高压注入地层，在地层中人工形成高传导的裂缝后，再将酸液挤入地层中溶蚀裂缝壁面，使得即使停泵卸压后裂缝面仍不会闭合，进一步扩大和巩固人工裂缝的传导效果，因此前置液酸压可以从酸化岩石和裂缝成缝两个方面来改造储层的渗透性能。

使用高黏液体前置液比使用酸液做前置液更优化，主要在于高黏液体前置液漏失小，造缝更远、更宽，并且预先冷却了地层岩石，减缓了酸岩反应速度，与常规酸压相比较，储层改造的有效作用距离可增大5 ~ 6倍。前置液酸压工艺的特点是能有效压开地层，用酸量大，浓度高，施工排量大，泵压高，工艺效果好。

2.胶凝酸酸化工艺

这是目前较为优越的深度酸化工艺技术，它以性能优良的胶凝酸体系为基础，具有黏度相当高、滤失速度低、摩阻损失小、残渣仍具有一定黏度的特点，返排时很容易排出地层中的酸不溶微粒，二次污染程度低，因而施工效果较为理想。

3.泡沫酸酸化工艺

泡沫酸由气相和液相两个体系组成，其中气相所占的比例约52%～90%，成分可以是氮气、二氧化碳或其混合气，一般采用氮气。液相成分是盐酸、氢氟酸、甲酸及有机酸等酸液体系，一般采用28%的盐酸。施工时首先把起泡剂与一定浓度的酸液混合，在泵入井口前按预定比例与高压气体汇合，在井筒内形成一定质量的泡沫酸。

泡沫酸具有常规酸不具备的很多优点，一是由于酸液体系的液体比例低，不易引起黏土膨胀，对地层的二次污染小，损害程度低；二是体系中的气体成分有助于施工结束后的助排，不会对储层产生堵塞作用；三是泡沫的特殊结构使它具有良好的控制滤失作用和对酸岩反应的缓速性能。因此，泡沫酸酸化工艺特别适用于低压、低渗透气井和二次酸化作业井。

4.降阻酸酸化工艺

该项工艺是专门针对某些气井的井口设备或生产管串额定压力偏低、且又无法更换的特殊情况和需要而开发的。在酸液中加入一定比例的降阻剂后，施工泵注过程中能显著地降低酸液沿管程的摩阻损失，增大井底的有效处理压力，提高泵注的排量。因此，降阻酸酸化工艺的好处是扩大了酸化改造作业的施工范围，使原本不具备施工条件的井也能得到酸化改造，且大大降低了施工成本。

三、压裂增产工艺

压裂也是最常用的储层改造和气井增产方法之一。碳酸盐岩气藏中，压裂一般是与酸化结合在一起实施的，即酸压工艺技术。砂岩气藏的低渗透改造则适用于采用水力加砂压裂工艺技术。

（一）水力加砂压裂的储层改造的基本原理

水力加砂压裂工艺是一项应用最早的油气井增产技术，但一直在不断的发展完善当中，至今仍在发挥巨大作用，特别是在低渗透砂岩气藏的储层改造中。

水力加砂压裂是利用地面的高压泵组，通过向井内以大排量注入高黏液体，在井底地层附近憋起高压，当超过岩石的抗张强度破裂压力后，就在地层中形成一条裂缝。之后再继续注入携带支撑剂的压裂液，使裂缝继续延伸并得到充填，停泵后仍能形成具有一定宽度、高度和长度的填砂裂缝。水力加砂压裂工艺的关键有两点，一是要在井底形成高压并有效地压开地层，二是要有有效的支撑剂技术，确保已经压开的裂缝不再闭合。

水力加砂压裂后气井能够增产的原因主要有两个方面：一是压裂造缝可以穿透井底附近地层的低渗透带或污染、堵塞带，能促使井与外围的高渗透储层相沟通，使气井供给范围和能量都得到显著提高，特别是在非均质的砂岩储层中和裂缝型的碳酸盐岩储层中。二是改变了气井筒围流体渗流的流态，压裂前气井属平面径向流，而压裂后由于形成了通过井点的高传导大裂缝，井底附近地层中的流体将以单向流和管流为主。

（二）压裂工艺方式

目前采用的压裂方式有合层压裂、分层压裂和一次多层分压等几种工艺方式。

1.合层压裂

气井的生产层段往往不止一段，而是几段组成的开采层组。施工时对各个小层段同时进行压裂就叫作合层压裂。这是最简单的压裂方式，常用于裸眼完成的井。

2.分层压裂

当气井产层段比较厚或者产层段比较多且各层段的渗透性能差别很大时，必须采用分层压裂的方式，才能保证有效地压裂开低渗透层段。分层压裂一般多用于射孔完成井，并要依靠封隔器卡住预期的压裂层段才能完成，或者用滑套固定、依次投球后逐层压开。

3.一次多层分压

即先压开下部地层井段，然后采用适当的材料暂时堵塞住已经形成的裂缝，再由下往上逐层压裂，最终通过一次施工压裂开多个层段和多条裂缝。

对射孔完成井，可采用塑料球、尼龙核心橡胶球等，由井口专门的投球器，不停泵地投入比压裂段孔眼多20%左右的球，把已压开裂缝处的射孔孔眼堵住；对裸眼完成井，则可将颗粒状或纤维状的暂堵剂随同压裂液一起注入井中，在缝口或缝内桥架起来形成堵塞。

（三）压裂液和支撑剂

压裂液和支撑剂是水力加砂压裂施工中的两个重要材料，关系到施工作业的成败和气井增产效果好坏。

按照性质的不同，压裂液可分为水基、油基、酸基、泡沫和乳状等几种类型。若按照各自功能、作用的不同，压裂液又可分为前置液、携砂液、顶替液等三部分，在不同的施工阶段依次注入井内。其中，前置液是为了在地层中憋压并造缝，携砂液是为了将支撑剂带到裂缝中，顶替液是为了使井筒中的携砂液全部送到裂缝中的预定位置。

支撑剂分为脆性和柔性两大类，前者如石英砂、陶粒、玻璃球等，特点是硬度大，不变形。后者如塑料球、核桃壳等，高压下变形大，但不易破碎。不论采用何种支撑剂，强度高、杂质少、粒度均匀、圆球度好都是基本要求，同时尽量达到来源广、价格低廉。

四、储层改造的施工效果评价

储层改造措施是大型的施工作业，施工结束后应对措施效果进行现场总结和全面的分析、评价。

（一）利用气井措施前后的测试产量评价措施效果

不论是酸化还是压裂，措施前后都应进行测试，因此现场上一般将措施前后的气井测试产量大小作为一种评价增产措施效果好坏的指标。这种评价方法简单、直观、实用性强，但由于气井测试产量的高低往往还受其他人为因素的控制，如测试回压的大小、油套压的大小等，因此，根据气井测试产量的变化来评价增产措施效果不是很严格。

（二）利用措施前后的试井资料评价措施效果

试井是气藏工程研究中的一种重要技术，是准确了解储层特性、分析气藏动态的可靠手段。通过试井测试和解释，可以定量计算储、产层的渗透率大小，分析气井污染情况和表皮大小，还可以确定气井产气方程式，计算气井无阻流量和产能大小。因此，在气井增产措施前、后都开展试井测试，可以对比分析储层渗透性能的改善和变化，评价工艺措施的效果。

（三）措施前后气井生产动态对比分析

措施前后气井测试产量的高低，只说明了措施前后短时间内对气井产能的影响，而气井生产是一个长期的过程，还应该从长期、稳定生产的角度来评价增产措施的效果。实施压裂措施后，气井产量的提高可能有一个稳产期，之后仍然会衰竭递减。在一个时间段内虚线都高于不实施压裂措施的产量动态曲线，这个时间段一般称为增产有效期，两条曲线之间的阴影面积代表了累积增产气量的多少，并可计算出新增产值。一般来说，如果实施措施的施工成本高于新增产值的话，那么即使本次增产措施增大了气井产量，并且获得了一个稳产期，但由于实际新增的产气量不大，从经济上看仍然是不成功的。

第五章
矿产资源开发与可持续利用

第一节　地下开采

一、概述

（一）房柱采矿法

房柱采矿法用于开采水平和缓倾斜的矿体，在矿块或采区内，矿房和矿柱交替布置，回采矿房时留连续的或间断的规则矿柱，以维护顶板岩石。因此，它比全面采矿法适用范围广，不仅能回采薄矿体（厚度小于2.5～3m），而且可以回采厚和极厚矿体。矿石和围岩均稳固的水平和缓倾斜矿体是这种采矿法应用的基本条件。

1.结构和参数

矿房的长轴可沿矿体的走向、倾向或倾斜方向布置，主要取决于所采用的运搬设备和矿体的倾角。我国大多数地下金属矿山采用电耙运搬矿石，矿房一般沿倾向布置。矿房的长度取决于运搬设备的有效运距。用电耙搬运时，一般为40～60m。矿房的宽度根据矿体的厚度和顶板的稳固性确定，一般为8～20m。矿柱直径为3～7m，间距为5～8m。

分区的宽度根据分区隔离顶板的安全跨度和分区的生产能力确定，变化于80～150m到400～600m。分区矿柱一般为连续的，承受上覆岩层的载荷，其宽度与开采深度和矿体厚度有关，和全面采矿法相同。

2.采准与切割工作

阶段运输巷道可布置在脉内或底板岩石中。底板岩石中布置的优点如下。

（1）可在放矿溜井中贮存部分矿石，从而减少电耙搬运和运输之间的相互影响。

（2）有利于通风管理。

（3）当矿体底板不平整时，可保持运输巷道平直，有利于提高运输能力。其缺点是增加了岩石的掘进工程量。目前，我国金属矿山多采用这种布置形式。

3.回采工作

矿房的回采方法根据矿体厚度不同而异：矿体厚度小于2.5～3m时，一次回采全厚；矿体厚度大于2.5～3m时，则分层开采。

当矿体厚度小于8～10m并采用电耙运搬时，一般使用浅孔先在矿房下部拉底，然后用上向炮孔挑顶。拉底是从切割平巷与上山交口处开始，用柱式凿岩机或气腿式凿岩机打水平炮孔，自下而上逆倾斜掘进。拉底高度为2.5～3m，炮孔排距为0.6～0.8m，间距为1.2m，孔深2.4～3m。随拉底工作面的推进，在矿房两侧按规定的尺寸和间距将矿柱切开。

整个矿房拉底结束后，用YSP-45型凿岩机挑顶，回采上部矿石。炮孔排距为0.8～1m，间距为1.2～1.4m，孔深2m。当矿体厚度小于5m时，挑顶一次完成；矿体厚度为5～10m时，则以2.5m高的上向梯段工作面分层挑顶，并局部留矿，以便站在矿堆上进行凿岩爆破工作。

用上述落矿方式采下的矿石采用14kW或30kW的电耙绞车将矿石耙至矿溜井中，放至运输巷道装车。双滚筒电耙绞车只能直线耙矿，三滚筒绞车可在较大范围内耙矿。

当矿体厚度大于8～10m时，应采用深孔落矿方式回采矿石。先在顶板下面切顶，然后在矿房的一端开掘切割槽，以形成下向正台阶的工作面。切顶的高度根据所采用的落矿方法和出矿设备确定，一般为2.5～5m。切顶空间下部的矿石采用下向平行深孔落矿。

近年来，由于无轨自行设备迅速发展，在国外应用房柱采矿法时，广泛采用履带式或轮胎式凿岩、装载和运搬设备。履带式无轨设备由于机动性较差和速度较慢，只宜用于凿岩台车和较固定的装载设备。

顶板局部不稳固时，可留矿柱。顶板整体不稳固时，应采用锚杆进行支护。此时房柱采矿法的应用范围得到扩大。

4.评价

房柱采矿法是开采水平和缓倾斜矿体最有效的采矿方法。它的采准切割工程量不大，工作组织简单，坑木消耗少，通风良好，矿房生产能力高。但矿柱矿量所占比重较大（间断矿柱占15%～20%，连续矿柱达40%），且一般不进行回采。因此，矿石损失较大。用房柱采矿法开采贵重矿石时，可以采用人工混凝土矿柱代替自然矿柱，以减少矿柱矿量损失。

近年来，不少矿山实践表明，应用锚杆或锚杆加金属网维护不稳固顶板，可扩大房柱采矿法在开采水平或缓倾斜厚和极厚矿体方面的应用。如果广泛使用无轨自行设备，则可使这种采矿方法的生产能力和劳动生产率达到较高的指标，成为高效率的有发展前途的采矿方法。

（二）分段矿房法

分段矿房法是在矿块的垂直方向再划分为若干分段，在每个分段水平上布置矿房和矿柱，各分段采下的矿石分别从各分段的出矿巷道运出。分段矿房回采结束后，可立即回采本分段的矿柱，并同时处理采空区。这种采矿方法以分段为独立的回采单元，因而灵活性大，适用于倾斜和极倾斜的中厚到厚矿体。由于围岩暴露较小，回采时间较短，相应地可适当降低对围岩稳固性的要求。

（三）矿柱回采和采空区处理

应用空场法采矿时，矿块划分为矿房和矿柱两步回采，矿房回采结束后，要及时回采矿柱。

1.矿柱回采

矿柱回采方法主要取决于已采矿房的存在状态。当采完矿房后进行充填时，广泛采用分段崩落法或充填法回采矿柱。采完的矿房为敞空时，一般采用空场法或崩落法回采矿柱。空场法回采矿柱用于水平和缓倾斜薄到中厚矿体、规模不大的倾斜和急倾斜盲矿体。

用房柱法开采缓倾斜薄和中厚矿体时，应根据具体条件决定回采矿柱。对于连续性矿柱，可局部回采成间断矿柱；对于间断矿柱，可进行缩采成小断面矿柱或部分选择性回采成间距大的间断矿柱。采用后退式矿柱回采顺序，运完崩落矿石后，再处理采空区。

为降低矿柱的损失率，可采取以下措施。

（1）同次爆破相邻的几个矿柱时，先爆破中间的间柱，再爆破与废石接触的间柱和阶段间矿柱，以减少废石混入。

（2）及时回采矿柱，以防矿柱变形或破坏，或不能全部装药。

（3）增加矿房矿量，减少矿柱矿量。例如矿体较大或开采深度增加，矿房矿量降低40%以下时，则应改为一个步骤回采的崩落采矿法。

2.采空区处理

采空区处理的目的是缓和岩体应力集中程度，转移应力集中的部位，或使围岩中的应变能得到释放，改善其应力分布状态，控制地压，保证矿山安全持续生产。

采空区处理方法有崩落围岩、充填和封闭采空区三种。

（1）崩落围岩处理采空区：崩落围岩处理采空区的目的是使围岩中的应变能得到释放，减小应力集中程度。用崩落岩石充填采空区后，在生产地区上部形成岩石保护垫层，以防上部围岩突然大量冒落时，冲击气浪和机械冲击对采准巷道、采掘设备和人员造成危害。

崩落围岩又分自然崩落和强制崩落两种。矿房采完后，矿柱是应力集中的部位。按设计回采矿柱后，围岩中应力重新分布，某部位的应力超过其极限强度时，即发生自然崩落。从理论上讲，任何一种岩石，当它达到极限暴露面积时，均能自然崩落。但由于岩体并非理想的弹性体，往往远未达到极限暴露面积以前，因为地质构造原因，围岩某部位就可能发生破坏。

当矿柱崩落后，围岩跟随崩落或逐渐崩落，并能形成所需要的岩层厚度，这是最理想的条件。如果围岩不能很快自然崩落，或者需要将其暴露面积逐渐扩大才能崩落，为保证回采工作安全，则必须在矿房中暂时保留一定厚度的崩落矿石。当暴露面积扩大后，围岩长时间仍不能自然崩落，则需改用强制崩落围岩。

一般情况下，围岩无构造破坏、整体性好、非常稳固时，需在其中布置工程，进行强制崩落，处理采空区。爆破的部位根据矿体的厚度和倾角确定：缓倾斜和中厚以下的急倾斜矿体，一般崩落上盘岩石；急倾斜厚矿体，崩落覆岩；倾斜的厚矿体，崩落覆岩和上盘；急倾斜矿脉群，崩落夹壁岩层；露天坑下部空区，可崩落边坡。

崩落岩石的厚度一般应满足缓冲保护垫层的需要，以15～20m以上为宜。对于缓倾斜薄和中厚矿体，可以间隔一个阶段放顶，形成崩落岩石的隔离带，以减少放顶工程量。

崩落围岩一般采用深孔爆破或药室爆破（用于崩落极坚硬岩石、露天坑边坡等）。崩落围岩的工程包括巷道、天井、钻孔等，要在矿房回采的同时完成，以保证工作安全。

在崩落围岩时，为减弱冲击气浪的危害，对于离地表较近的空区或已与地表相通的相邻空区，应提前与地表或上述空区崩透，形成"天窗"。强制放顶工作一般与矿柱回采同段进行，且要求矿柱超前爆破。如不回采矿柱，则必须崩塌所有支撑矿（岩）柱，以保证较好的强制崩落围岩的效果。

（2）充填采空区：在矿房回采之后，可用充填材料（废石、尾矿等）将矿房充满，再回采矿柱。这种方法不但处理了空场法回采的空区，也为回采矿柱创造了良好的条件，且提高了矿石回采率。

用充填材料支撑围岩可以减缓或阻止围岩的变形，以保持其相对稳定。因为充填材料可对矿柱施以侧向力，有助于提高其强度。

充填法处理采空区适用于下列条件：①上覆岩层或地表不允许崩落；②开采贵重矿石或高品位的富矿，要求提高矿柱的回采率；③已有充填系统、充填设备或现成的充填材料可以利用；④深部开采，地压较大，有足够强度的充填体可以缓和相邻未采矿柱的应力集中程度。充填采空区是在矿房采完后一次充填，要求对一切通向空区的巷道或出口进行坚固的密闭；此外，用水砂充填时，应设滤水构筑物或溢流脱水。

（3）封闭采空区：在通往采空区的巷道中，砌筑一定厚度的隔墙，使空区中围岩崩落所产生的冲击气浪遇到隔墙时能得到缓冲。这种方法适用于空区体积不大，且离主要生产区较远，空区下部不再进行回采工作的条件。对于较大的空区，封闭法只是一种辅助的方法，如密闭与运输巷道相通的矿石溜井和人行天井等。封闭法处理采空区，上部覆岩应允许崩落，否则不能采用。

（四）空场采矿法的使用条件

空场采矿法的基本特征是将矿块划分为矿房和矿柱两步骤回采，在回采矿房时用矿柱和矿岩本身的强度进行地压管理。矿房回采后，有的不回采矿柱处理采空区，有的在回采矿柱的同时处理采空区。回采矿房效率高，技术经济指标也好；回采矿柱条件差，工作也困难，矿石损失贫化很大。采空区处理是应用本类采矿法时必需的一项作业，否则将遗留严重的安全隐患，一旦发生大规模的地压活动，将造成资源的巨大损失。

空场采矿法种类很多，因而适用范围也广。不同的采矿方法适用于不同的矿体厚度和倾角，但矿石和围岩均应稳固则是应用本类采矿方法的基本条件。

全面采矿法适用于水平和缓倾斜薄和中厚矿体，回采时留下规则矿柱全面推进。房柱采矿法也适用于水平和缓倾斜矿体，但矿体厚度不限，在回采矿房时留下连续的或间断的矿柱，必要时可后退式回采部分矿柱，当围岩不够稳固时，可采用锚杆进行加固。分段矿房法和阶段矿房法用于倾斜和极倾斜的中厚以上矿体。

此外，垂直深孔球状药包落矿方案属阶段矿房法的一种，是近年来出现的新工艺。留矿法是我国目前开采极倾斜薄和中厚矿体的最有效的采矿方法。倾角较小时，可采用分段留矿电耙出矿的变形方案。在矿房中暂留的矿石不能作为支撑上盘围岩的主要手段。

无轨自行设备的应用和发展将促使各种采矿方法的无轨开采方案逐渐推广，这为提高采矿效率和劳动生产率以及进一步简化采矿方法结构提供了物质基础。

二、崩落采矿法

崩落采矿法是以崩落围岩来实现地压管理的采矿方法，即随着崩落矿石，强制（或自然）崩落围岩充填采空区，以控制和管理地压。崩落采矿法在我国矿山应用很广泛，其采出矿石量约占地下矿采出矿石总量的35%。

崩落采矿法可分为单层崩落法、分层崩落法、分段崩落法和阶段崩落法。前两种方法用浅孔落矿，一次崩矿量小，在矿石回采期间，工作空间需要支护。随着工作面的推进，崩落上面岩石用以充填采后空间。单层崩落法和分层崩落法的工艺过程较复杂，生产能力较低，但矿石损失贫化较小。分段崩落法和阶段崩落法常用深孔或中深孔落矿，一次崩矿量大，生产能力较高，故有大量崩落法之称。有底柱分段崩落法和无底柱分段崩落法是分段崩落的两个主要方案。上面岩石在崩落矿石的同时崩落下来，在崩落的岩石覆盖下放出矿石，故一般矿石损失贫化较大。

（一）有底柱分段崩落法

有底柱分段崩落法是有底部结构的分段崩落法。主要特征是，由上而下逐个分段进行回采，每个分段下部设有出矿专用的底部结构（底柱）。依照落矿方式，可分为水平深孔落矿有底柱分段崩落法与垂直深孔落矿有底柱分段崩落法两种。水平深孔落矿有底柱分段崩落法具有比较明显的矿块结构，每个矿块一般都有独立完整的出矿、通风、行人和运送材料设备等系统。此外，在崩落层的下部，一般都需要开掘补偿空间，进行自由空间爆破。垂直深孔落矿有底柱分段崩落法的落矿大都采用挤压爆破，并且连续回采，矿块没有明显的崩落界限。

1.水平深孔落矿有底柱分段崩落法

（1）矿块结构参数：阶段高度主要取决于矿体倾角、厚度和形状规整程度，一般为40～60m。分段高度是一个重要参数，直接关系着采准切割工程量和矿石损失贫化等。当矿体倾角不是很陡时，下盘矿石损失数量随着分段高度的增大而增大。此外，分段高度也要与上盘岩石稳固性相适应，最好在崩落矿石放出之前上盘岩石不发生片落，否则将会增大矿石损失贫化。同时分段高度要与电耙巷道的稳固性相适应，应保证电耙巷道在出矿期间不破坏。生产实际中常用的分段高度为15～25m。

在保证底部结构稳固性的前提下应缩小耙矿巷道间距，以利于提高矿石回采率。耙道间距一般变化在10～15m范围内，耙运距离一般为30～50m。加大耙运距离时，电耙效率显著降低。

底柱高度主要取决于矿石稳固性和受矿巷道形式。采用漏斗时，分段底柱高度常为6～8m；阶段底柱宜设储矿小井，以消除耙矿和阶段运输间的互相牵制，此时底柱高度为11～13m。

（2）采准工作：为提高矿块生产能力和适应这种采矿方法溜井多的特点，在阶段运输水平多用环形运输系统。在环形运输系统中，有穿脉装车和沿脉装车两种形式。穿脉装车的优点是，由于溜井布置在穿脉巷道内，沿脉巷道的运输很少受装载的干扰，故阶段运输能力较大；此外，可利用穿脉巷道进行探矿。它的缺点是采准工程量大。确定穿脉巷道长度时要考虑溜井装车时整个列车都停留在穿脉巷道上而不阻挡沿脉巷道的通行。穿脉巷道间距要与耙矿巷道的布置形式、长度和间距相适应，一般为25～30m。

采场溜井主要有两种布置形式，第一种是各分段耙道都有独立的矿石溜井，第二种是上、下各分段耙道通过分支溜井与矿石溜井相连。前种形式的出矿强度大，便于掘进和出矿计量管理，但掘进工程量大；后种形式的工程量小，但施工比较复杂且不便于出矿计量。设计时应结合具体条件，根据放矿管理、工程量和生产能力等要求选取。溜井断面一般为1.5m×2m或2m×2m。溜井的上口应偏向电耙道的一侧，使另一侧有不小于1m宽的人行通道。溜井多用垂直的，便于施工。倾斜溜井上部分段（长溜井）倾角不小于60°，最下分段（短溜井）倾角不小于55°。

采准天井用于行人、通风和运送材料、设备等。采准天井有两种布置形式，一种是按矿块布置，即每个矿块都有独立的矿块天井；另一种为按采区布置，几个矿块组成一个采区，每个采区布置一套天井。目前趋向采用采区天井，以减少采准工程量，同时还可在采区天井中安装固定的提升设备，改善劳动条件。

电耙巷道一般多采用垂直走向布置。当矿体厚度变化不大形状比较规整时，也可采用沿走向布置，此时矿石溜井等都布置在矿体内，可减少岩石工程量。

底部结构是由电耙道、放矿口（斗穿）、漏斗颈和受矿巷道（漏斗或堑沟）等组成。有的矿山为了增加矿石流通性，减少堵塞次数和降低堵塞位置，增大了出矿漏斗尺寸，例如把漏斗颈和放矿口尺寸增大到2.5m×2.5m。由于在覆岩下放矿，漏斗间距在底柱稳固性允许的前提下以小一点为好，一般取5～6m。

（3）切割工作：切割工作是指开掘补偿空间和辟漏两项工作。矿石从矿体崩落下来并破成碎块，其体积必然有所增加，这就是一般所谓的碎胀。当采用自由空间（即有足够补偿空间）的深孔或中深孔爆破时，碎胀体积约为崩矿前原体积的30%。所以当用自由松散爆破时，补偿空间体积就是根据这个数量关系确定的；而当采用挤压爆破时，补偿空间数量要小于松散爆破。

开掘补偿空间的方法与矿石稳固性有关，有下列两种方式。

①矿石稳固时，首先用中深孔拉底。在拉底水平开掘横巷和平巷，钻凿水平中深孔，最小抵抗线为1.2～1.5m，每排布置3个炮孔，利用拉底平巷或横巷为自由面。每次爆破3～5排炮孔，形成拉底空间。

拉底后，爆破上面的水平炮孔，放出崩落的矿石，形成足够大的补偿空间后，再进行大爆破，崩落上面的全部矿石。

在稳固矿石中，亦可采用中深孔爆破一次完成开掘补偿空间工作。在拉底水平根据矿块尺寸开掘数条平巷，自平巷钻凿立面扇形炮孔，炮孔深度根据补偿空间高度和平巷间距确定。在一端开掘立槽作为自由面，逐次爆破并放出矿石形成补偿空间。

在邻接采空区的一侧要留有隔离矿柱。此外，当拉底面积大或矿石不够稳固时，亦可在拉底范围内留临时矿柱，此矿柱可与上面矿石一同爆破。

②在不稳固的矿石中，因不允许在崩矿前形成较大的水平补偿空间，所以常用拉底巷道的空间来作补偿空间。具体方法是在拉底水平上掘进成组的平巷和横巷，并在平巷和横巷间的矿柱中钻凿深孔。这些深孔与落矿深孔同次超前爆破，从而形成缓冲垫层和补偿空间。

（4）回采工作：回采工作主要指落矿和出矿。本法落矿常用水平扇形深孔自由空间爆破方式。深孔常用YQ-100型潜孔钻机钻凿，一般最小抵抗线为3~3.5m，炮孔密集系数为1~1.2，孔径为105~110mm，孔深一般为15~20m；中深孔用YG-80和YCZ-90型凿岩机钻凿。

出矿作业通常包括放矿、二次破碎和运矿三项内容。崩落的矿石约有70%~80%是在岩石覆盖下放出来的。随着矿石的放出，覆盖岩石也随之下降。崩落矿石和覆盖岩石直接接触，容易造成较大的损失贫化。因此，在出矿中必须编制放矿计划，按放矿计划实施放矿。控制矿岩接触面形状及其在空间位置的变化，对降低放矿过程中的矿石损失贫化是极为重要的。

（5）采场通风：由于采空区崩落和采场结构复杂，采场通风条件比较差，因此需要正确选择通风方式和通风系统，合理布置通风工程。对通风的具体要求如下：①原则上宜采用压入式通风，以减少漏风。当井下负压不大时，采用单一压入式即可；负压很大时，则应采用以压入式为主的抽压混合式通风。②把通风的重点放到电耙巷道层，把电耙巷道层的通风系统和全矿总通风系统直接联系起来，使新鲜风流直接进入电耙巷道层。③电耙道上的风向应与耙运的方向相反，风速达到0.5m/s，以迅速排除炮烟、粉尘和其他有害气体，并达到降温的目的。凿岩井巷和硐室也应尽可能有新鲜风流贯通，使凿岩和装药条件得到改善。④尽可能避免全部使用脉内采准，因为这很难构成正规的通风系统。

（6）评价：水平深孔落矿有底柱分段崩落法，用来开采矿石稳固、形状规整、急倾斜中厚以上的矿体较为合适。该法每次爆破矿量较大，一般不受相邻采场的牵制，有利于生产衔接。缺点是，在天井与硐室中凿岩，凿岩工作条件不好；此外要求矿体条件（厚度、倾角、形状规整程度）较高，适应范围小，灵活性较差。该法在我国应用不多。

2.垂直深孔落矿有底柱分段崩落法

垂直深孔落矿有底柱分段崩落法大都采用挤压爆破。应用这种方法开采中厚矿体的典型方案。

（1）矿块结构参数：垂直深孔落矿有底柱分段崩落法的矿块结构参数与水平深孔落矿有底柱分段崩落法基本相同，阶段高50～60m，分段高10～25m，分段底柱高6～8m。矿块尺寸常以电耙道为单元进行划分，矿块长25～30m，宽10～15m。

（2）切割工作：切割工作包括开掘堑沟和切割立槽。在堑沟巷道内钻凿垂直上向中深孔，与落矿同次分段爆破形成堑沟。堑沟炮孔爆破的夹制性较大，所以常常把扇形两侧的炮孔适当加密。靠电耙道一侧边孔的倾角通常不小于55°。为了减少堵塞次数和降低堵塞高度，在耙道的另一侧钻凿1～2个短炮孔，短炮孔倾斜角控制在20°左右。

堑沟切割有工艺简单、工作安全、效率高且容易保证质量等优点，所以应用比较普遍。但堑沟对底柱切割较大，堑沟爆破对底柱的破坏作用大，故底部结构稳固性受到一定影响。

开凿切割立槽是为了给落矿和堑沟开掘自由面和提供补偿空间。根据切割井和切割巷道的相互位置不同，切割立槽的开掘方法可分为"八"字形拉槽法、"丁"字形拉槽法两种。

①"八"字形拉槽法。多用于中厚以上的倾斜矿体。从堑沟按预定的切割槽轮廓，掘进两条方向相反的倾斜天井，两天井组成一个倒"八"字形。紧靠下盘的天井用作凿岩，另一条天井作为爆破的自由面和补偿空间。自凿岩天井钻凿平行于另一条天井的中深孔，爆破这些炮孔后便形成切割槽。

这种切割方法具有工程量少、炮孔利用率高、废石切割量小等优点，但凿岩工作条件不好，工效较低。

②"丁"字形拉槽法。掘进切割横巷和切割井，切割横巷与切割井组成

一个倒"丁"字形。自切割横巷钻凿平行于切割井的上向垂直平行中深孔。以切割井为自由面和补偿空间，爆破这些炮孔则形成切割立槽。

切割巷道的断面通常取决于所使用的凿岩设备，长度取决于切割槽的范围。切割井位置通常根据矿石的稳固性、出矿条件、天井两侧炮孔排数等因素确定。"丁"字形拉槽法可用于各种厚度和各种倾角的矿体中，比前种方法凿岩条件好，操作方便，在实际工作中应用较多。

切割槽的形成步骤有两种。

第一种，形成切割槽之后进行落矿。优点是能直接观察切割槽的形成质量，并能及时弥补其缺陷。缺点是对矿岩稳固性要求高，也容易造成因补偿空间过于集中，不能很好发挥挤压爆破的作用，在实践中使用不多。

第二种，形成切割槽与落矿同次分段爆破。优缺点恰与前者相反，为当前大多数矿山所采用。切割槽应垂直于矿体走向，布置在爆破区段的适中位置，使补偿空间尽量分布均匀。此外，应布置在矿体厚度较大或转折和稳固性较好的部位。

（3）回采工作：回采一般用中深孔或深孔落矿。中深孔常用YG-80型和YGZ-90型凿岩机配FZY-24型圆环雪橇式台架钻凿，深孔常用YQ-100型潜孔钻机钻凿。中深孔落矿方法使用广泛。

①小补偿空间挤压爆破方案：崩落矿石所需要的补偿空间由崩落矿体中的井巷空间所提供。常用的补偿空间系数为15%～20%。若过大，不但增加了采准工程量，而且还能降低挤压爆破的效果；若过小，容易出现过挤压。在设计时，可参考下列情况选取补偿空间系数的数值。

第一，矿石较坚硬、桃形矿柱稳固性差或补偿空间分布不均匀、落矿边界不整齐时，可取较大的数值。

第二，矿石破碎或有较大的构造破坏、相邻矿块都已崩落，或电耙巷道稳固且补偿空间分布均匀、落矿边界整齐时，可取较小的数值。

矿块的补偿空间系数确定后，可进行矿块采准切割工程的具体布置，使其分布于落矿范围内的堑沟巷道、分段凿岩巷道、切割巷道、切割天井等工程的体积与落矿体积之比符合确定的数值。当出现补偿空间与要求数量不一致时，常以变动切割槽的宽度、增加切割天井的数目、调整切割槽间距等办法求得一致。

一般过宽的切割槽施工是比较困难的，且因其空间集中，影响挤压爆破效果。增减切割天井数目，可调范围也不大，所以常常以调整切割槽的间距，即用增减切割槽的数目来适应确定的补偿空间系数。

小补偿空间挤压爆破回采方案的优缺点和适用条件如下。

优点：灵活性大，适应性强，一般不受矿体形态变化、相邻崩落矿岩的状态、一次爆破范围的大小、矿岩稳固性等条件的限制；对相邻矿块的工程和炮孔的破坏较小，补偿空间分布比较均匀，且能按空间分布情况调整矿量，故落矿质量一般都较好，而且比较可靠。

缺点：采准切割工程量大，一般都在15～20m/kt，比向崩落矿岩方向挤压爆破大3～5m/kt；采场结构复杂，施工机械化程度低，施工条件差；落矿的边界不甚整齐。

适用条件：各分段的第一矿块或相邻部位无崩落矿岩，矿石较破碎或需降低对相邻矿块的破坏影响；为生产衔接的需要，要求一次崩落较大范围。

②向相邻崩落矿岩方向挤压爆破方案：矿块的下部是用小补偿空间挤压爆破形成堑沟切割，上部为向相邻崩落矿岩挤压爆破。

实施向相邻崩落矿岩挤压爆破（有的称为侧向挤压爆破）时，在爆破前，对前次崩落的矿石需进行松动放矿，其目的是将爆破后压实的矿石松散到正常状态，以便本次爆破时借助爆破冲击力挤压已松散的矿石来获得补偿空间。如此逐次进行，直至崩落全部矿石。

该方法不需要开掘专用的补偿空间，但邻接崩落矿岩的数量及其松散状态对爆破矿石数量及破碎情况具有决定性的影响，所以本法不如小补偿空间挤压爆破灵活和适应性大。此外，采用该种挤压爆破时，大量矿石被抛入巷道中，需人工清理，工作繁重并且劳动条件也不好。垂直深孔落矿有底柱崩落法大都使用电耙出矿，绞车功率多为30kW，耙斗容量为0.25～0.3m³，耙运距离为30～50m。有的矿山使用55kW电耙绞车，耙斗为0.5m³。

（4）评价：垂直扇形深孔落矿有底柱分段崩落法在我国有色金属地下矿

山应用比较普遍，其主要优点是：大部分采准切割工程比较集中，掘进时出渣方便，有利于强掘；所用的出矿设备（电耙）结构简单，运转可靠，操作和维修方便；应用挤压爆破落矿，破碎质量好，出矿效率高。

它的缺点是：向相邻崩落矿岩挤压爆破，受相邻矿块的牵制较大，灵活性差；小补偿空间挤压爆破方案中，部分切割工程施工条件差，机械化程度低，劳动强度大。

3.有底柱分段崩落法放矿管理

在采矿方法和结构参数既定的条件下，矿石崩落后，在覆岩下放矿时需要良好的放矿管理，其好坏直接关系着矿石损失贫化的大小。当前，在我国矿山加强放矿管理是降低矿石损失贫化的一项重要措施。

放矿管理包括选择放矿方案、编制放矿计划以及实施放矿控制与调整三项工作。

（1）放矿方案：根据放矿过程中矿岩接触面的形状及其变化过程，可将放矿方案分为下列三种形式。

①平面放矿。放矿过程中矿岩接触面保持近似水平下移，根据平面移动要求控制各漏口放出矿量和放矿顺序。

该放矿方案在放矿过程中的矿岩接触面积最小，有利于减少损失贫化。阶段崩落法和分段高度较大的水平深孔落矿有底柱分段崩落法的放矿需采用平面放矿方案。

②立面放矿。立面放矿就是一般所谓的依次全量放矿。其特点是各漏孔依次放出，并且一直放到截止品位为止，然后关闭漏孔。由于这种放矿方案的矿岩接触面以陡立的斜面向前移动，故称为立面放矿。

该方案在放矿过程中矿岩接触面较大，不利于矿石的回收。和平面放矿比较，立面放矿的纯矿石放出量少，损失、贫化均较大，底部残留高度也大。该方案放矿过程中的管理工作简单。

矿石层高度大时不宜采用这种放矿方案。只有当矿石层高度不大，亦即相邻放矿口的相互作用不大时，可以采用（或改用）立面放矿方案放出。

③斜面放矿。该方案的特点是放矿过程中矿岩接触面保持倾斜面向前移

动，可按45°左右的矿岩斜面确定进入放矿带的放出漏孔数。斜面放矿方案多用于连续回采的崩落法中。

在生产实践中，可选用一种方案或两种方案联合使用，亦可将某个方案作某些改变，成为一种变形方案。总之，要结合崩落矿块和矿山放矿管理的具体情况确定放矿方案。

（2）放矿计划的编制：放矿方案确定后，根据崩落矿岩堆体和出矿巷道的布置编制放矿计划。平面放矿方案放矿计划的编制方法如下。

①确定每漏孔放出总量。每个漏孔应放出总量等于每个漏孔负担平面之上的矿石柱体积减去底柱残留体积，靠下盘漏孔的矿石柱还要减去下盘损失数量。

②确定每漏孔的一轮放出量。每个漏孔每轮的放出矿石量，根据该孔当时的负担面积乘下降高度计算。每轮矿岩接触面下降高度一般可取2m左右。

③编绘放矿图表。根据上面所得数据编绘出放矿计划图表，在表中标明各漏孔每次放出量和矿岩接触面相应的下降高度。

④确定放矿步骤。有的矿山按四步编制放矿计划。第一步松动放矿，使全部漏孔之上的矿石松散，在挤压爆破条件下放出崩落矿量的15%左右；第二步为削高峰，放出崩落矿石堆超高部分；第三步为均匀放矿，按平面下降要求确定各孔每次的放出量，每个漏孔如此放到开始有岩石混入为止；第四步改用依次全量放矿，各漏孔可以一直放到截止品位后，关闭漏孔。

（3）放矿控制：放矿控制就是控制每个漏孔放出矿石的数量和质量。如果按放矿计划控制放矿量，而在生产中出现实际放矿量与计划不一致时，要在下次放矿时进行调整。有的矿山为此在整个放矿高度上规定出2~3个调整线，要求到达调整线时各漏孔的放出量符合计划要求。

质量控制就是按规定的截止品位来控制截止放矿点，防止过早与过晚封闭漏孔。

放矿控制是放矿管理中的基本工作。放矿时准确控制和计量各漏孔放出量以及及时化验品位，是改进这项工作的关键环节。

在井下设矿石品位化验站，使用X射线荧光分析仪测定品位，可以满足及时化验品位要求。但放矿量的控制和计量的准确性尚有待改进。

放矿方案选择、放矿计划编制和调整等工作可借助计算机仿真来实现。按优化原则拟定多种放矿计划，用计算机仿真预测每种计划实施后的矿石损失与贫化数值，根据矿石损失贫化值从中选出最优计划。在放矿中出现漏孔放出量与计划有较大出入时，用计算机仿真法按最小的矿石损失贫化要求重新调整放矿计划，再按新计划放出。同时，计算机仿真法可以给出放矿过程中采场内部矿岩移动情况，以及给出各漏孔放出的矿石原来的空间位置等，这对分析矿石损失贫化过程很有帮助。

4.评价

有底柱分段崩落法在我国金属矿山，特别是有色金属矿山得到广泛应用，今后还有增加的趋势。

（1）适用条件：有底柱分段崩落法适用条件如下。

①地表允许崩落。但若地表表土随岩层崩落后遇水可能形成大量泥浆涌入井下时，需要采取预防措施。

②矿体厚度和矿体倾角。急倾斜矿体厚度不小于5m，倾斜矿体不小于10m；当矿体厚度超过20m时，倾角不限。最适用于厚度为15～20m以上的急倾斜矿体。

③岩石稳固性。上盘岩石稳固性不限，岩石破碎不稳固时，采用分段崩落法比其他采矿法更为合适。由于采准工程常布置在下盘岩石中，所以下盘岩石稳固性以不低于中等稳固为好。

④矿石稳固性。矿石稳固性应允许在矿体中布置采准和切割工程，出矿巷道经过适当支护后，应能保持出矿期间不遭破坏，故矿石稳固性应不低于中等稳固。

⑤矿石价值。不是在特殊有利条件（倾角大于75°～78°，厚度大于15～20m，矿体形态比较规整）下，此法的矿石损失贫化较大，故仅适于开采矿石价值不高的矿体。

⑥夹岩厚度和矿石性能。由于该法不能分采分出，以矿体中不含较厚的岩石夹层为好。在矿体倾角大、回采分段高的情况下，矿石必须无自燃性和

结块性。

（2）主要优缺点：主要优点包括：①由于该法具有多种回采方案，可以用于开采各种不同条件的矿体，故使用灵活，适用范围广；②生产能力较大，年下降深度可达20～23m，矿体单位面积产量达75～100/（$m^2 \cdot a$）；③采矿与出矿的设备简单，使用和维修都很方便，适应国内设备生产和供应条件；④与其他崩落采矿法相比，通风条件较好，有贯通风流。当采用新鲜风流直接进入电耙巷道的通风系统时，可保证风速不小于0.5m/s。

主要缺点包括：①采准切割工程量大，施工机械化程度低。底部结构复杂，其工程量约占整个采准切割工程的一半。②矿石损失贫化较大，在矿体不陡、厚度不大的情况下更为严重。一般矿石损失率为15%～20%，矿石贫化率为20%～30%。

（二）无底柱分段崩落法

无底柱分段崩落法自20世纪60年代中期在我国开始使用以来，在金属矿山获得迅速推广，特别是在铁矿山的应用更为广泛，目前已占地下铁矿山矿石总产量的70%左右。与有底柱分段崩落法比较，该法的基本特征是，分段下部不设由专门出矿巷道所构成的底部结构，分段的凿岩、崩矿和出矿等工作均在回采巷道中进行，因此大大简化了采场结构，给使用无轨自行设备创造了有利条件，并可保证工人在安全条件下作业。

1.分段崩落法的典型方案

该法将阶段再划分为分段，分段高一般为10m。各分段自上而下进行回采，回采的矿石经溜井下放到阶段运输巷道，装车运走。

在每个分段掘进分段运输巷道以及由此巷道通向设备井的联络道，从分段运输巷道掘进回采巷道，其间距为8～10m，上下分段的回采巷道保持交错布置。

在回采巷道末端掘进分段切割平巷，每隔一定距离从切割巷道开掘切割天井，作为开掘切割立槽的自由面。切割立槽即为最初回采崩矿的自由面和补偿空间。

用采矿凿岩台车（或台架）在回采巷道中钻凿上向扇形炮孔，排距为1.1~1.8m，一般在分段全部炮孔钻凿完毕后开始崩矿，以免出矿和凿岩相互干扰。每次爆破1~2排炮孔。崩落的矿石在回采巷道端部用装运机或铲运机运至溜井。矿石是在岩石覆盖下放出的，所以随着矿石的放出，采空区被岩石所充满。

由于回采巷道端部被崩落矿石堵死，所以回采巷道中一般需要采用局部扇风机，将通风井进入的新鲜风流引送到工作面，并将污风排出。

一般第一、二分段进行回采时，第三分段钻凿上向扇形炮孔和切割工作，第四、五分段进行采准工作。即采准、切割、凿岩、爆破与装运矿石等项工作分别在不同分段同时进行，互不干扰。

2.结构参数与采准巷道布置

（1）阶段高度：该法用于开采矿石在中等稳固以上的急倾斜厚矿体时，阶段高度可达60~70m。当矿体倾角较缓、赋存形态不规整、矿岩不稳固时，阶段高度可以取低一些，如符山铁矿与丰山铜矿的阶段高度为50m。

阶段高度越大，开掘和采准的相对工程量越小，但设备井、溜井和通风井等的高度随之增加，因此增加了掘进的困难。当这些井筒穿过不稳固的矿岩时，还要增加维护费用。当矿体倾角较缓时，下部各分段与矿石溜井和设备井的联络巷道相应增长，运距增加；对于易碎矿石，溜井过高将增加粉矿量。因此，在开采条件不利时，阶段高度应取低些。

在使用设有破碎硐室的箕斗提升或平硐溜井开拓时，常将溜井掘至主要运输水平。中间水平只作为运送人员、材料、通风和掘进天井的辅助水平。上、下两个主要运输水平之间常为两个或三个阶段高度。

随着天井掘进技术的不断发展和开采强度的增大，在矿岩稳固性较好的情况下，有增大阶段高度的趋势。近年有的矿山将阶段高度增大到80~90m，国外矿山有的高达100~150m。

（2）分段之间的联络：为了运送设备、人员和材料，一般采用设备井和斜坡道两种运送方案。

①设备井：设备井目前有两种装备方法，一种是在同一设备井中安装两

套提升设备。当运送人员或不大的材料时，用电梯轿箱；当运送设备时，用慢动绞车，并将轿箱钢绳靠在设备井的一侧，轿箱停在最下分段水平。另一种是分别设置设备井和电梯井，设备井安装大功率绞车运送整体设备。前种方法适用于设备运送量不大的矿山，设备运送频繁的大型矿山可采用后一种方法。而矿量不大的小型矿山和大型矿山中某些孤立的小矿体，可装备简易设备井，解决设备、人员和材料的运送问题。

设备井应布置在本阶段的崩落界线以外，一般布置在下盘围岩中。当矿体倾角大、下盘围岩不稳固以及为了便于与主要开拓巷道联络时，也可将设备井布置在上盘围岩中。

当矿体走向长度很大时，根据需要沿走向每300m左右布置一条设备井；走向长度不大时，一般只布置一条设备井。

②斜坡道：在无底柱分段崩落法中，随着铲运机的应用，分段与阶段运输水平常用斜坡道连通。斜坡道一般采用折返式。

斜坡道的间距为250～500m。斜坡道的坡度根据用途不同，一般为10%～25%。仅用于联络通行和运送材料等可取较大坡度（15%～25%）。路面可用混凝土、沥青或碎石铺设。斜坡道断面尺寸主要根据无轨设备（铲运机）外形尺寸和通风量确定。巷道宽度等于设备宽再加0.9～1.2m，巷道高度等于设备高再加0.6～0.75m。

丰山铜矿掘成地表折返式主斜坡道，坡度为14%～17%，分段支斜坡道坡度为20%，断面为3.2m×4.2m（适应LK–1型铲运机）。

（3）矿块尺寸及溜井位置：这种采矿方法划分矿块的标志不明显，为了管理上的方便，一般以一个溜井所服务的范围作为一个矿块。因此，矿块长度等于相邻溜井间的距离。

溜井的间距主要根据装运设备的类型确定。使用ZYQ-14型装运机时，运距不超过60～80m。运距再大，装运机所带的风绳过长，运行不便，同时行走时间所占比值增大，会降低装运机的生产能力。当回采巷道垂直走向布置时，溜井间距一般为40～60m；沿走向布置时，一般为60～80m。当采用铲运机时，因它的生产能力大，运行速度快，溜井间距可增大到150～200m。在确定溜井间距时，还应当考虑溜井的通过矿量，以免因溜井磨损过大提前报废而影响生产。

如矿体中有较多的夹石需要剔除或脉外掘进量大，可根据岩石量的大小，1~2个矿块设一个岩石溜井。

如果需要分级出矿，可以根据不同品级的矿石分布情况，在适当的位置增设溜井，供不同品级矿石出矿。

溜井一般布置在脉外，这样生产上灵活、方便。溜井受矿口的位置应与最近的装矿点保留一定的距离，以保证装运设备有效运行。使用ZYQ-14型装运机时，这个距离应大于6m；采用铲运机时，应适当加大。

溜井应尽量避免与卸矿巷道相通，可用小的分支溜井与巷道相通。这样在上下分段同时卸矿时，互相干扰小，也有利于风流管理。

当开采厚大矿体时，大部分溜井都布置在矿体内。当回采工作后退到溜井附近，本分段不再使用此溜井时，应将溜井口封闭，以防止上部崩落下来的覆盖岩石冲入溜井。封闭时，溜井口要扩大一个平台以托住封井用的材料，使其经受外力作用后不致产生移动。封闭时，最下面用钢轨装成格筛状，上面再铺上几层圆木，最上面覆盖上1~2m厚的岩渣。有的矿山为了节省钢材和木材，以及改善溜井处的矿石回采条件，改用矿石混凝土充填法封闭溜井。首先将封闭段溜井内矿石放到要封闭的水平，然后再用混凝土充填一段（1m），最后用混凝土加矿石全段充填。封井工作要求保证质量，否则一旦因爆破冲击使封井的材料及上部的岩渣一起塌入溜井中，将会给生产带来严重的影响。因此，在条件允许的情况下，溜井应尽量布置在脉外，以减少封井工作。当脉外溜井位于崩落带内时，开采下部分段也要注意溜井的封闭。

第二节 采矿方法的选择

一、影响采矿方法选择的主要因素

（一）选择采矿方法的基本要求

选择的采矿方法在技术上是优越的，经济上是合理的，安全上是可靠的，具体包括如下几个方面。

（1）安全。所选择的采矿方法必须保证工人在采矿过程中能够安全生产，有良好的作业条件（如可靠的通风防尘措施、合适的温度和湿度），能使繁重的作业实现机械化；同时要保证矿山能安全持续生产，如避免产生大规模地压活动可能造成的破坏，防止大爆破震动和采后岩层移动可能引起的地表滑坡和泥石流危害，防止地下水灾、火灾及其他灾害的发生等。

（2）矿石贫化率小。选择的采矿方法要使矿石的贫化率低，满足加工部门对矿石质量的要求。例如开采平炉富铁矿，不能使废石混入率过高和粉矿过多，以使矿石可以直接进入平炉。矿石贫化对矿山产品（精矿）数量、成本与盈利的影响是很大的。在一般情况下，矿石贫化率要求在20%以下。

（3）矿石回采率高。矿产资源是有限的，并且是不能再生的，采矿属于耗竭性生产，因此要求选择回采率高的采矿方法，以充分利用矿产资源，因此应坚持"贫富兼采、厚薄兼采、大小兼采、难易兼采"的原则。矿石损失除了对矿石成本有一定影响，还会减少盈利总额和缩短矿山生产寿命。一般要求矿石回采率应在80%以上。开采价值高的富矿、稀缺金属以及贵金属矿床，更应尽力选择回采率高的采矿方法。

（4）生产效率高。要尽可能选择生产能力大和劳动生产率高的采矿方法。采矿方法不同，则同时开采的阶段数、一个阶段能布置的矿块数以及矿块的生产能力也不同。一般在一个回采阶段内，布置的矿块数目应能满足矿山生产能力要求，且回采矿块所占长度以小于阶段工作线长度的2/3为宜。高生产效率可以减少同时工作的矿块数，便于实施集中采矿，有利于生产管理和采场地压管理等。

（5）经济效益好。经济效益主要是指矿山产品成本的高低和盈利的大小。盈利指标最具有综合性质，例如矿石成本、矿石损失贫化等对盈利都有影响。要选择盈利大的采矿方法。

（6）符合有关法规的要求。采矿方法的选择必须符合矿山安全、环境保护和矿产资源保护等法规的有关规定。

（二）影响采矿方法选择的主要因素

影响采矿方法选择的主要因素有两个方面，即矿床地质条件和开采技术经济条件。

1.矿床地质条件

矿床地质条件是影响采矿方法选择的基本因素，因此在选择采矿方法时，首先要详细分析研究有关的地质资料。一般情况下，具有足够可靠的地质资料才能进行采矿方法选择；否则，可能由于选出的采矿方法不合适，危害生产的安全，并使矿产资源和经济遭到损失。

矿床地质条件一般包括下列内容。

（1）矿石和围岩的物理力学性质。其中矿石和围岩的稳固性对选择采矿方法有非常重要的影响，它决定着采场地压的管理方法和采场结构参数。例如，矿石和围岩都稳固时，可以采用采场地压管理简单的空场采矿法，并可以选用较大的矿房尺寸与较小的矿柱尺寸；如果矿石稳固、围岩不稳固，用空场法围岩易产生冒落，这时用崩落法、充填法较为有利；相反，如果矿石稳固性较差而围岩稳固，并且其他条件如厚度与倾角又合适时，则采用阶段矿房法较为有效，因为这种方法可以避免直接在较大的暴露面下工作；如果矿石和围岩都不稳固，可考虑采用崩落法或下向分层充填法。

（2）矿体产状。矿体产状主要指倾角、厚度和形状等。矿体的倾角主要影响矿石在采场内的运搬方法，而且倾角对运搬的影响还与厚度有关。只有当矿体倾角大于50°～55°时，才有可能利用矿石自重运搬；而采用留矿法时，倾角则应大于60°，但厚度较大的矿体则不受这些限制。通过开掘下盘漏斗，矿石仍可靠自重运搬。当矿体倾角不够大，如30°～50°，在其他条件允许时，可以考虑爆力运搬或借助溜槽进行自重运搬。而30°以下的矿体，用电耙运搬往往较为有效。当采用崩落法但矿体倾角小于65°时，则应考虑开凿下盘漏斗或矿块底部开掘部分下盘岩石，以减少矿石损失。

矿体厚度影响采矿方法和落矿方法的选择以及矿块的布置方式。例如，0.8m以下极薄矿体的采矿方法要考虑分采（如分采充填法）或混采（如留矿法），单层崩落法一般要求矿体厚度不大于3m，分段崩落法要求厚度大于6～8m，阶段崩落法要求厚度大于20m。在落矿方法中，浅孔落矿常用于厚度小于5m的矿体，中深孔落矿常用于厚度大于8m的矿体，深孔大爆破用于厚度在10m以上的矿体。药室落矿要求厚度比深孔爆破更大。

在厚矿体与极厚矿体中，矿块一般应垂直走向布置。

矿体形状、矿石与围岩的接触情况也影响采矿方法的选择。如接触面不明显，矿体形状又不规则，采用深孔落矿或药室落矿的采矿方法会引起较大的矿石损失与贫化。

如果极薄矿脉的矿体形状规则，而且矿石与围岩的接触明显，应该采用分采的采矿方法；否则，宜采用混采的采矿方法。

（3）矿石品位及价值。开采品位较高的富矿、价值较高的贵金属和稀缺金属（如镍、铬等）矿石，则应采用回采率较高的采矿方法，例如充填法；反之，宜采用成本低、效率高的采矿方法，例如分段或阶段崩落采矿法。

（4）矿体内有用成分的分布及围岩矿物成分。矿体内有用成分分布不均匀而又差别很大时，应考虑使用分采的采矿方法，同时还可以将品位低的矿石或岩石留下作为矿柱。

如果围岩有矿化现象，则回采过程中围岩混入的限制可以适当放宽，这时就可以采用深孔落矿的崩落采矿法。当围岩的矿物成分对选矿和冶炼不利时，应选用废石混入率小的采矿方法。

（5）矿体赋存深度。当矿体埋藏深度很深（500~600m或以上）时，地压增大，会产生冲击地压，这时不宜采用空场法，以采用崩落法或充填法较为适宜。

（6）矿石与围岩的自燃性与结块性。开采硫化矿石时，须考虑有无自燃危险的问题。高硫（含硫为30%~40%或超过40%）矿石发生火灾的可能性很大（含硫量在20%左右的硫化矿也有发生自燃的），此时不宜采用积压矿石量大和积压时间长的采矿法，如留矿法和阶段崩落法等。

此外，对具有结块性矿石（含硫量较高的矿石、遇水结块的高岭土矿石），采矿方法的选择与具有自燃性的矿石相同。

2.开采技术经济条件

（1）地表是否允许陷落。在地表移动带范围内，如果有河流、铁路和重要建筑物，或者由于保护环境的要求等，地表不允许陷落，此时不能选用崩落法和采后崩落采空区的空场法，必须采用维护采空区不会引起地表岩层大规模移动的采矿方法，如胶结充填法，或当矿体不厚时用水砂充填法，或在厚矿体中留有一定数量的矿柱和同时充填采空区的方法。

（2）加工部门对矿石质量的技术要求。如加工部门规定了最低出矿品位，从而限制了采矿方法的最大贫化率；又如粉矿允许含量（富铁矿）、按矿石品级分采等要求，都影响到采矿方法的选择。

（3）技术装备与材料供应。选择某些需要大量特殊材料（如水泥、木材）的采矿方法时，需事先了解这些材料的供应情况，应尽量选择不用或少用木材的采矿方法。如果选择胶结充填采矿法，应考虑水泥和充填料的来源。

采矿方法的工艺和结构参数等与采矿设备有密切关系。在选择采矿方法时，必须考虑设备供应情况。如选用铲运机出矿和深孔落矿的采矿方法时，需事先了解有关的设备、备品备件的供应情况及设备的性能。

（4）采矿方法所需要的技术管理水平。选择的采矿方法应力求技术简单，易于掌握，管理方便。这对中小型矿山、地方矿山特别重要。当选用一些技术复杂、矿山人员不熟悉的采矿方法时，应积极组织采矿方法试验。例如，壁式崩落法要经常放顶，较难掌握；空场法中，留矿法比分段凿岩阶段矿房法容易掌握。在这两种方法都可用的情况下，如果是小型矿山，技术力量薄弱时，采用留矿法可能会收到较好的效果。

上述影响采矿方法选择的因素，在不同的条件下所起的作用也不同，必须针对具体情况作具体分析，全面、综合地考虑各种因素，选出最优的采矿方法。

二、采矿方法的选择

对矿床地质条件进行深入调查研究，取得足够的有关数据，以及对开采技术经济条件了解清楚之后，才能选择采矿方法。在选择采矿方法时，应注意下列事项。

（1）矿床地质资料的准确性与完整性，尤其是必须具备有关矿岩稳固性和坚固性方面的资料。若因资料不足致使选择失误，可能导致大量矿石损失和长期不能达产，造成重大经济损失。

（2）矿床地质条件比较复杂时，有必要在基建时期完成采矿方法工业性实验，实验成功后才能最终选定采矿方法。

（3）采矿方法分析比较中，要注意到不同方法的影响所涉及的范围。例如空场法与充填法，比较项目中不仅包括矿房回采，还包括矿柱回采，有时还要包括空区处理。

（4）采矿方法选择并不只是从现有的方法中选出一种较好的方法，有时也需要结合矿床条件和要求，创造性地应用现有采矿方法的工艺与结构知识，提出更为符合要求的新采矿方法。

在采矿方法选择的实践中，一般是提出几个方案，否定一些技术经济上比较容易鉴别的不合理方案，将剩余的方案取长补短，使其更加完善，经过初步技术经济分析，选出最佳方案；当经过技术经济分析之后，尚有2～3个方案难分优劣，需进行详细计算和比较，选出最优方案。

1.采矿方法初选

首先就技术可能性提出一些采矿方法方案，其次是根据各方案的主要优缺点，淘汰掉具有明显缺点的方案，从而提出不具有明显缺点的、技术上可行的采矿方法方案。

实践中常常根据初选方案中的某些缺点，提出修改和创新，形成更为合理的新方案。特别是当矿床地质条件复杂时，应广泛调查研究，以免遗漏最佳方案。

2.采矿方法的技术经济分析

对初选的（一般不超过3～5个）每个方案，确定主要结构参数、采准切割布置和回采工艺，选择具有代表性的矿块，绘制采矿方法方案的标准图，计算或用类比法选出各方案的下列技术经济指标，并据此进行分析比较，从中选优。

（1）矿块工人劳动生产率。

（2）采准切割工作量和时间。

（3）矿块生产能力。

（4）主要材料（坑木和炸药等）的消耗量。

（5）矿石的损失率和贫化率。

（6）采出矿石的直接成本。

这些指标一般不作详细计算，而是根据采矿方法的构成要求，参照类似条件矿山的实际指标选取。

除了分析对比这些指标，还应充分考虑到方案的安全程度、劳动条件、工艺过程的复杂程度等问题。有时还得注意与采矿方法有关的基建工程量、基建投资和基建时间（例如用胶结充填法或水砂充填法时）。

在分析对比上述各项指标时，往往出现对同一个方案来讲，这些指标不全都优越，而是有的好，有的差。在这种情况下，就要看这些指标相差的大小，以及在矿山具体条件下，以哪些指标为主来确定方案，分清主次，有所侧重。例如，对开采富矿和国家特别需要的稀缺金属矿石，应选取回采率高和贫化率低的采矿方法。特别是围岩含有害成分或矿石品位较低时，贫化指标更显得重要。如果是贫矿，赋存量又大，就应该考虑选用高效率和低成本的采矿方法。总之，要根据具体情况作具体分析，抓住主要矛盾来解决问题。

在大多数情况下，经过这样的技术经济分析，就可以确定采用哪个采矿方法方案。仅在少数情况下，才需要作综合分析比较来确定最优方案。

3.采矿方法的综合分析比较

经过上述分析比较还不能判定优劣时，则对优劣难分的2～3个采矿方法方案进行详细的技术经济计算，计算出有关指标。根据这些指标再进行综合分析比较，最后选出最优方案。

综合分析比较方法通常采用方案比较法，个别问题辅以统计分析法、技术标定法（或称标准定额法）、数学分析法、经济-数学规划法等。

当采矿方法最终选定以后，即可进行采矿方法设计。设计部门要做典型方案设计，生产部门要做矿块采准（即施工设计）。生产部门的采矿方法设计包括有矿块单体设计和回采设计。单体设计主要是矿块结构设计，布置各种采准巷道。回采设计主要是凿岩爆破设计。

第三节　露天开采

一、基本概念

露天矿在开采过程中必须将境界内的矿岩划分成一定厚度的水平分层，以便自上向下逐层进行开采，这些阶梯状的工作面叫作台阶。一个台阶的开采使其下面的台阶被揭露出来，当揭露面积足够大时，就可开始下一个台阶的开采。随着开采的进行，采场不断向下延深和向外扩展，直至到达设计的最终境界。每一台阶在其所在水平面上的任何方向均以同一台阶水平的最终境界为限。正在开采的台阶叫作工作台阶。推到最终境界线的台阶所组成的空间曲面称为最终边帮（或非工作帮）。为了开采一个台阶并将采出的矿岩运出采场，需要在本台阶及其上部各台阶修筑至少一条具有一定坡度的运输通道，称为斜坡道或出入沟。

1.台阶的几何要素

台阶是垂直方向上的最小开采单元，即台阶在其整个高度上是一次爆破、一次铲装的。穿孔和装药作业在台阶的坡顶面水平进行，铲装和运输作业在台阶的坡底面水平进行。

台阶由坡顶面、坡底面和台阶坡面组成。台阶常以其坡顶面水平和坡底面水平命名。

台阶坡顶面和坡底面与台阶坡面的交线分别称为台阶的坡顶线和坡底线。一个台阶的坡底面水平同时又是其下一个台阶的坡顶面水平。

台阶坡面与水平面的夹角称为台阶坡面角（α）。

台阶坡顶面与坡底面之间的垂直距离即为台阶高度（H）。

从本台阶的坡顶线（本台阶外缘）到上一个台阶的坡底线（本台阶内缘）之间的距离称为台阶宽度（W）。

2.台阶高度

台阶高度是露天开采中最重要的几何参数之一。影响台阶高度的因素有生产规模、采装设备的作业技术规格以及对开采的选别性要求等。为保证挖掘机挖掘时能获得较高的满斗系数（铲斗的装满程度），台阶高度应不小于挖掘机推压轴高度的2/3。为避免挖掘过程中在台阶的顶部形成悬崖，台阶高度应小于挖掘机的最大挖掘高度。

在品位变化大、矿物价值高的矿山（如金矿），开采选别性是制约台阶高度的重要因素。开采选别性系指在开采过程中能够将不同品位和类型的矿石及废石进行区分开采的程度。以金矿为例，往往需要对一个区域内的高品位矿、低品位矿、硫化矿、氧化矿及废石进行区分开采，运往到各自的目的地。例如，将低品位矿送往浸堆，高品位氧化矿送往选矿厂等。由于一个台阶在垂直方向上是不可分采的，即使在台阶高度内矿石的品位、矿种或矿岩界线变化很大，也不可能在开采过程中将同一台阶高度上不同种类的矿石及岩石分离出来，由此所造成的贫化和不同矿种的混杂是不可避免的。可见，台阶高度越大，开采选别性越差。因此，开采对选别性要求较高的矿床时，应选取较小的台阶高度。一般说来，黑色金属矿床的品位变化较小、矿体形态较为规则、矿物价值低，对选别性要求较低，台阶高度一般大于10m，以12~15m最为常见。大多数贵重金属矿床的特征恰恰相反，故台阶高度一般小于10m，以6~8m最为常见。

另一方面，台阶高度也制约着铲装设备的选择，当选用汽车运输时，铲装设备的斗容和装卸参数又进一步制约着汽车的选型。台阶高度同时也影响着最终边帮的几何特征。由此可以看出，台阶高度的选取对整个露天矿开采的经济效益有着重要的影响。在一定范围内增加台阶高度会降低穿孔、爆破和铲装成本，但确定最佳的台阶高度应综合考虑各种相关因素，使矿床开采的经济效益（不仅是穿孔、爆破和铲装成本）达到最佳值。

3.台阶坡面角

台阶坡面角主要是岩体稳定性的函数，其取值随岩体的稳定性的增强而增大（最大为90°）。确定台阶坡面角时，需要进行岩石稳定性分析，或参照岩体稳定性相类似的矿山选取。另外，岩体层理面的倾向对台阶坡面角有直接的影响，当台阶坡面与岩体层理面的倾向相同或相近，而且层理面倾角较陡时，台阶坡面角等于层理面的倾角。

4.工作平台与安全平台

正在被开采的台阶称作工作台阶（或工作平台、工作平盘）。

工作台阶上正在被爆破、采掘的部分称为爆破带，其宽度为爆破带宽度（或采区宽度），台阶的采掘方向是挖掘机沿采掘带前进的方向，台阶的推进方向是台阶向外扩展的方向。

在开采过程中，工作台阶不能一直推进到上个台阶的坡底线位置，而是应留有一定的宽度，留下的这部分称为安全平台。安全平台的作用是收集从上部台阶滑落的碎石和阻止大岩石块滚落。安全平台的宽度一般为2/3~1个台阶高度。在矿山开采寿命期末，有时将安全平台的宽度减小到台阶高度的1/3左右。

工作平盘的宽度等于采区宽度与安全平台宽度之和。最小工作平盘宽度是刚刚满足采运作业所需要的空间的宽度。

二、露天开采工艺

金属矿床露天开采的工艺过程一般为穿孔、爆破、铲装、运输与排岩，各工序环节相互衔接、相互影响、相互制约，构成了露天开采的最基本生产周期。

1.穿孔作业

穿孔作业是露天开采的第一道生产工序，其作业内容是采用某种穿孔设备在计划开采的台阶区域内穿凿炮孔，为其后的爆破工作提供装药空间。在整个露天开采过程中，穿孔作业的成本约占矿石开采总生产成本的10%~15%。

目前，露天矿生产中广泛使用过的穿孔方式有两种：热力破碎穿孔与机械破碎穿孔，相应的穿孔设备有火钻、钢绳式冲击钻、潜孔钻、牙轮钻与凿岩台车。现代露天矿应用最广的是牙轮钻，潜孔钻次之，火钻与凿岩台车仅在某些特定条件下使用，钢绳式冲击钻已被淘汰。

露天矿穿孔设备的选择主要取决于开采矿岩的可凿性、开采规模要求及设计的炮孔直径。

牙轮钻机具有穿孔作业效率高、作业成本低，机械化程度高、适用于在各种硬度的矿岩中穿孔的优点，已成为当今世界露天矿应用最广泛的穿孔设备。目前，美国、加拿大和前苏联的金属露天矿山中牙轮钻机的比重已占80%以上。我国中小型露天矿山仍在广泛使用潜孔钻机，大型露天矿山已大量使用牙轮钻机。

2.爆破作业

爆破是将整体矿岩进行破碎及松动，形成一定形状的爆堆，为后续的采装作业提供工作条件。在露天开采的总生产成本中，爆破成本大约占

15%~20%。

露天开采对爆破工作的基本要求如下。

（1）适当的爆破储备量，以满足挖掘机连续作业的要求，一般要求每次爆破的矿岩量应能满足挖掘机5~10昼夜的采装需要。

（2）有合理的矿岩块度，以提高后续工序的作业效率，使开采总成本最低。具体说来，爆破后的矿岩块度应小于挖掘设备铲斗所允许的最大块度和粗碎机入口所允许的最大块度。

（3）爆堆堆积形态好，前冲量小；无上翻，无根底；爆堆集中且有一定的松散度，以利于提高铲装设备的作业效率；在复杂的矿体中不破坏矿层层位，以利于选别开采。

（4）无爆破危害，由爆破所产生的地震、飞石、噪声等危害均应控制在允许的范围内，同时应尽量控制爆破带来的后冲、后裂和侧裂现象。

第四节 矿产资源可持续利用的内涵

可持续发展的内涵十分丰富，涉及社会、经济、人口、资源、环境、科技、教育等各个方面，究其实质是要处理好人口、资源、环境与经济协调发展关系，目的是满足人类日益增长的物质和文化生活的需求，不断提高人类的生活质量，为经济的发展提供持续的支撑力。

矿产资源可持续利用是可持续发展战略的一个重要方面。所谓可持续发展，就是能长期延续地发展，可持续性也就是长期延续性。按照世界环境和发展委员会的定义，可持续发展是指"在不牺牲未来几代人需要的前提下，满足我们这代人的需要。"显然，可持续发展的核心内容之一就是强调公平和代际平等的重要性。

可持续发展概念有着十分广泛的内涵，它涉及人口、资源、环境以及社会经济等各个方面。然而，过去我们对可持续发展问题的研究往往把着重点放在环境保护方面，以致有些人把可持续发展狭义地理解为环境保护。事实上，资源的可持续利用与环境保护同样重要，两者均是可持续发展战略的重要组成部分。目前，我国的许多环境问题大都是由于人们对资源利用不当引起的。因此，如何采取有效措施促进资源的可持续利用，实际上也是保护环境的一种积极措施。但矿产资源却具有可耗竭性和不可再生性的特征。如何有效利用有限的矿产资源来满足当代人的需要，又不对后代人满足其需要的能力构成危害，因此实现社会和经济可持续发展的目标是摆在人们面前的一个深刻的课题。

矿产资源可持续利用要解决的核心问题是提高资源利用率和综合利用水平，最大限度地减少乃至消除废弃物，保护矿山生态环境，实现资源的增值。矿产资源可持续利用主要包括以下几方面的内涵。

（1）人们在利用矿产资源满足自身需要的同时，不能对社会和其他人的净福利产生负的影响。任何一个国家、地区和个人在资源开发利用的过程中，除其自身获取经济价值外，还可能会对其他国家、地区和个人产生一种外部效应。这种外部效应是市场交易对交易双方之外的第三者所造成的影响，包括正的和负的影响。因此，在评价一个矿产资源开发项目对社会所产生的净福利效应时，应从其自身获取的经济价值中减去其所产生的净负外部效应（负外部效应减去正外部效应）。只有在其对社会所产生的净福利大于零的条件下，这种资源利用才算得上是可持续利用。

对矿产资源进行开发和利用的过程，既可能会对人类自身发展产生一些有利的影响，也可能会产生一些不利的影响。我们把这种有利影响称为矿产资源利用的正效应，而把其不利影响称为矿产资源利用的负效应。从价值量上，正效应可以看作矿产资源开发利用所形成的自然资本、人力资本、人造资本和社会资本的总和，负效应主要包括由于资源利用不当造成资源、生态环境破坏的直接经济损失和为恢复生态平衡、挽回生态损失而必须支付的生态投资。

（2）当前人们在利用矿产资源满足自身需要的过程中，要同时考虑到不能牺牲未来几代人的需要。这实际上是反映了人们在资源利用方面的代际平等问题。也就是说，我们这代人在对资源进行开发利用的过程中，不仅要考虑当前的需要，而且也要同时考虑到未来几代人的需要。我们不能采取"有水快流"和高消耗的政策，过度采掘和消耗浪费地球上的矿产资源，更不能任意破坏和污染人类赖以生存的环境，给子孙后代留下一片废墟和一个千疮百孔的地球。因此，从代际平等的角度看，人类对矿产资源进行开发利用所产生的净经济价值应该逐步增加，或者至少应该保持不变。

（3）人类对矿产资源的合理保护和有效利用，是实现矿产资源可持续利用的重要前提条件。我们不仅要保护好那些可供人类利用的矿产资源，而且也要保护好那些由于技术条件的限制，目前还无法加以利用或没有价值的潜在资源，更要保护好人类赖以生存的环境。积极地保护好矿产资源和环境，是提高矿产资源使用效率的前提。同时，要实现资源的可持续利用，首先就必须提高资源使用效率，有效利用而不是浪费矿产资源。随着时间的推移，人们对矿产资源利用的效率应该逐步提高。

第五节　矿产资源可持续利用的基本条件

一、开采利用不得超越通量极限

资源的开采利用在客观上应有一定的限度，它不以人的意志为转移。对于矿产资源来讲，这一限度则是在人类有意义的时空尺度找到具有经济价值的可替代的可更新资源，并成功地向可更新资源过渡，使其耗竭不再影响经济、社会、资源、环境的协调发展。矿产资源在功能上完成其使命，则意味着矿产资源达到了持续利用。若对矿产资源的开采利用强度超过了这一客观尺度，而来不及寻找替代资源，人类的发展与生存环境将受到威胁。当然，这种限度不是绝对的，超过了限度并不会出现突发性灾难，通常表现为资源的贬值所带来的社会成本上升和收益的下降，其结果是资源利用的负态效应所带来的时空尺度上的不经济。因此，研究矿产资源的可持续利用问题，实际上就是研究可持续发展意义下的最适耗竭速度问题。

二、废弃物排放不得超越环境吸纳降解极限

矿产资源在被开采利用中，排放到自然环境中的废弃物（包括废水、废气、固体废物等）进入自然环境后，进行降解，被吸收和转化。自然环境有自我净化与自我调节的能力，但是这个能力有一定的限度。自然界的自我修复需要一定的周期，因此人类开采利用活动干扰不得超过其净化能力周期。废弃物的排放不可逾越自然环境在单位时间内的有效吸纳、降解和转化量，因此，环境吸纳降解极限是矿产资源的开采利用所必须遵循的另一约束。可持续的排污量不应高于回收利用、环境吸收或转化为无害物的速率。

由此可见，矿产资源的开采既受限于资源的储量，又受限于环境吸纳的容量，两者是一个动态的相互联系的系统，矿产资源规划必须坚持生态经济平衡法则。

三、建立资源的公平配置机制

公平性法则主要包括三层意思：一是同代人之间的横向公平性，二是世代人之间的纵向公平性，三是公平分配有限的资源。因此，矿产资源的可持续开采利用不仅仅是一个经济问题。

由于市场经济的高度个体逐利性，后代人不能在当代人的市场中直接成为交易行为的主体，无法实现与当代人竞争并争取公平的资源享用权利。因此，为确保资源的代际公平，实现矿产资源的可持续开采利用，必须建立在一定的约束和激励之上，如经济手段（价格、利率、成本核算等）、法律手段（资源法规的制定和实施等）、行政手段（制定资源利用定额、颁发

资源利用许可证等），其关键是要防止和限制对不可再生资源的过度、过速消耗。

四、资源耗减量与补偿量动态平衡

对资源的损耗要给予等量补偿，使资源减量与可更新资源的补偿量达到动态平衡。确保在某种矿产资源耗竭之前，人类有足够的时间有序地过渡到其他具有经济价值的可替代资源，使矿产资源在功能上达到持续利用，否则，资源耗竭将导致整个经济系统的崩溃。因此，应将矿产资源的开采所获取的利润中的一部分重新投入资源（包括一些新能源，如太阳能、风能、地热能、生物能等）的开发中，使其取之于资源、用之于资源，以便对资源的损耗给予合理补偿。

五、推进科技进步，实施资源的储备战略

当经济发展系统以不可持续的速度获取资源或排放废弃物时，经济系统便处于一种越限运行状态。如果系统的这种动能对支撑其发展的原动力产生的压力尚不够强烈时，资源的获取或废物的排弃速度都不会立即减少。例如煤炭资源目前约有1万亿吨的可采储量，即使新增可采储量为零、可更新资源的替代率为零，仍可持续几十年的开采时间，因此只是简单地关注可采储量的绝对量，而忽略可采储量增量的变化趋势以及可替代资源的替代率，将导致后备资源不足，其结果就会使系统长期越限运营，处于危险状态。因此，短期密切关注可采储量的变化与长期关注探明储量趋势并重，传统资源开发（煤炭、石油、天然气等）与新资源开发（太阳能、风能、地热能、生物能等）并举，推进科技进步实施资源的储备战略，通过科学技术提高非再生资源的替代能力，才能保证资源的可持续利用。

六、减缓资源开采速度，实施节约型资源消耗战略

如果矿产资源储量的耗减速度超过探明储量的增长速度，必将引起资源耗竭，人类将面临毁灭性的灾难，避免越限的重要措施就是减缓开采利用速

度。我国部分矿产的储量耗减速度已经明显超过探明储量的增长速度，如果通过科学的管理变粗放型经营为集约型经营，减缓资源开采速度，遏制环境污染的进一步升级，将矿产资源的开采及废弃物的排放严格地控制在极限范围内，使矿产资源的开采利用逐渐趋于零增长乃至负增长时，资源利用才有可能迈进可持续发展的门槛。这就要求对一定区域的矿产资源实现整体规划、合理开发和协调管理。

七、提高矿产资源的利用率

矿产资源规划必须通过制度安排，使矿产资源的利用率达到最高。为此，必须建立若干支持系统。

1.制度支持系统

建立完善的产权制度，明确产权，建立公众参与机制，健全资源合理利用与有效保护的法律法规体系，健全资源管理机构与职能，建立高效的投资制度，建立有力的技术创新体系和产业约束机制。

2.技术支持系统

技术支持包括生产技术和评价技术两方面。生产技术的现代化和技术进步水平的提高有益于推进资源经营和利用的最优。评价技术中对投入产出分析方法进行改造而扩展的建设项目资源环境成本收益分析法，通过资源的综合规划、跨区域规划等规划功能和机会成本比较、工艺创新等手段，实现资源的集约化经营和资源的综合利用，使资源利用的社会经济福利在现值上最大化并符合持续发展准则。

3.信息支持系统

信息业的发展是保证人类能否生存下去的必备手段，只有充分发挥信息功能，才能对有限的矿产资源进行优化配置，实现资源增值。信息支持系统包括资源供求关系的预警支持和资源管理决策中的可持续发展评价制度。

第六节　地质矿产调查评价及矿产资源勘查

资源与环境是当今国际社会的两大主题。资源与环境的调查评价得到各国政府和社会日益广泛的关注。地质矿产调查评价及矿产资源勘查是挖掘资源潜力、获得新的资源储量、实现矿产资源可持续利用的基础工作。在世界范围内，发达国家的地质调查已不仅仅局限于探明矿产资源，早已开始进行生态环境、气候变化、生命起源和演化等方面的调查研究。基础调查范围更宽，方式方法更新加快，成果应用范围更广，已形成一种趋势。

一、地质勘查工作的基本特点

地质勘查工作是为开发利用矿产资源而进行的先期投入，是整个社会生产的重要组成部分，是同后续产业及整个国民经济相联系的一项生产与调查研究相结合的经济活动。地质勘查工作是运用地质科学理论和各种技术方法手段，对地质情况和矿产资源进行的调查研究活动，并为国民经济和社会发展提供基础地质资料和矿产资源储量。

矿产资源勘查是一项知识密集型的调查评价工作，具有较强的科学性、探索性和风险性，同时又是一项产业活动，这些都决定了矿产勘查的特殊性。

（1）地质矿产勘查是先行的基础工作。由于矿产资源从发现到探明，直至开发利用，需要一个相当长的周期，快则需要数年，慢的需要十几年甚至更长时间。因此，矿产资源勘查工作必须先行。这一特点决定了矿产勘查投资的长周期性，同时，为适应和满足经济社会发展对矿产资源的需求，首先必须提供充分的地质资料和矿产资源保障，必然使政府对某些地质调查工作的生产和分配享有优势，或者说直接就是这些地质调查工作的需求者。地质调查工作的对象是地下矿产资源，它所产生的社会效益和对人类社会的长远影响是市场无法涵盖的，一些涉及长远的工作只能由政府来主持。

（2）矿产勘查工作是一项调查研究并具探索性的工作。这一特点决定了矿产勘查成果评估的复杂性和矿权交易的特殊性。

（3）高风险性是矿产勘查的另一个重要特点，这使矿产勘查企业具有不同于一般企业的组织形式和风险分担机制。

虽然地质勘查工作具有基础性、公益性的特点，但它作为一种产业活动的性质并未改变。目前矿产勘查同采矿生产关系存在两种情况：一种是一些综合性的大型矿业公司兼备勘查和采矿的功能，另一种是矿产勘查工作与采矿分离，成为专业性的地质勘查企业，并成为相对独立的产业部门。前一种情况矿产勘查工作本身就是矿业活动的重要组成部分，后一种情况由于矿产勘查工作独立以后，其产品失去了物化形态，具有风险性、不确定性，增加了市场操作的难度。

二、市场经济国家地质调查工作运行机制和管理方式

地质调查工作的风险性和不确定性可以通过市场来解决，但市场不是万能的，特别是一些公益性较强的地质调查工作，所产生的主要是宏观经济效益而非微观效益，市场的自发作用是难以根据市场需求有效推动这些经济工作的，所以出现了"市场失败"（或市场失灵）。国民经济中由于市场失败而出现的真空要由政府来填补。西方市场经济中，国家在生产实践中逐步形成了一整套比较完善的地勘管理制度和运行机制，以促进地质调查工作的发展。目前，我国地质调查工作管理制度正面临重大变革，借鉴、吸收西方国家一些有效的管理制度对建立有中国特色的地勘管理体制是有益的。

在市场经济条件下，地质勘查工作一般分为两大类：非营利性地质调查工作和营利性矿产勘查工作。国家地质调查机构主要承担非营利地质调查工作，包括区域地质调查、水文地质、工程地质、环境地质调查评价、矿产资源前期预测评价、基础理论研究等。营利性矿产勘查工作包括各类矿产资源

勘查工作、地质专业技术劳务和咨询服务以及为特定项目服务的矿产勘查工作，一般都按市场机制运行，以营利为目的。从社会职能上讲，非营利地质调查工作是政府的宏观调控手段之一，是为营利性矿产勘查工作服务的，并对营利性矿产勘查工作起导向作用。

在市场经济条件下，矿产勘查运营机制的重要特点就是把矿业权作为市场交易的对象，从而把矿产勘查和市场联系起来，为实现矿产资源勘查的企业化经营创造条件，这就大大地调动了矿产资源勘查企业寻找矿产资源的积极性，促进矿产资源勘查开发工作。在矿业权管理上，各国矿业法规对经营者的权利和义务都有明确的规定，如为保护经营者的权利都有保持矿业权连续性的规定，即上一阶段矿业权持有者在下一阶段矿业权的申请和获得上具有优先权。由于矿业权市场是一种功能不完全的市场，主要是市场运营规范化程度较低，也给市场导向带来许多限制。针对矿业权市场缺少标准价格或价格体系，也缺乏规范化的价格形成机制，再加上矿产勘查投资回收周期长，以及对未来市场动态预测的不确定性，许多国家加强了矿权立法，制定严格的市场操作规范；同时制定矿产资源发展战略和中长期规划，引导地勘企业的发展。由于矿产资源勘查的特殊地位和性质，各国政府在加强对矿产资源宏观调控的同时，制定许多鼓励政策。

（1）保护探矿权人权益。在矿业权管理上除规定矿床发现者有获得使用矿业权的优先权外，对由于某种原因下一步矿业权不授予矿床的勘查者而授予第三者时，第三者要对勘查者给予补偿，补偿额不低于勘查投资总额的150%。除补偿外，政府矿产资源主管部门还可能根据发现矿床的吨位、品位和选冶性能等，给予发现者特别的酬金。

（2）税收优惠。在矿业经营过程中为了连续生产而进行的地质勘查工作费用，由公司的收益中支付，这部分收益免交所得税，公司也可以建立勘查基金，这部分基金也免交所得税。

（3）政府补贴。政府根据国家需要，对某些特定矿种或某些地区的地质勘查工作，按勘查投入给予一定比例的风险补贴。成功后返还政府，失败则给予核销。

（4）优惠贷款。有的国家，如日本，对矿产资源勘查工作提供优惠贷款，以鼓励国内和国外矿产勘查。

（5）减免权利金或尽可能采用灵活的与利润挂钩的办法。

（6）支持本国公司进行国外投资。

三、公益性地质调查工作

1.公益性地质调查评价工作的内涵

公益性地质调查工作是以非营利为目的，并为全社会服务的地质调查工作。公益性地质调查工作具有以下特征。

（1）为社会提供国土资源基本信息资料，为经济建设和社会发展服务。具体来说，包括：①为国民经济建设和社会发展而进行的全国性的地质调查评价工作；②为国家经济建设规划区进行的地质调查评价工作；③为重要地区和重要城市进行的地质调查评价工作；④为国民经济建设和社会发展而进行的战略性矿产资源调查评价工作；⑤其他为满足国民经济建设和社会发展而进行的地质调查评价工作。

（2）按受益对象不同，投资主体主要有中央和地方财政。涉及全国性的基础性和公益性的地质调查工作由中央财政支付，而直接为地方经济建设和社会发展服务的基础性地质调查工作则以地方财政投资为主。投资规模取决于基础设施建设对经济增长的制约程度和中央、地方财政的支付能力。

（3）公益性地质调查工作主要采用事业性体制运作。由于这一类工作更注重社会效益，操作上重点在于项目的管理和质量的控制。

2.我国公益性地质矿产调查评价工作部署原则

紧密围绕国民经济建设与社会发展的总体要求，根据国家对矿产资源进行规划、管理、保护与合理利用的需要，有重点地部署基础性、公益性地质调查评价工作，做到"一个基础（以地学为基础）、两个并举（服务于国民经济建设与满足公众社会需要并举、资源调查与环境评价并举）、三个优先（优先安排国家重要经济区的综合性基础调查工作、优先安排促进社会进步所需的公益性调查评价工作、优先安排国家宏观规划所需的矿产资源潜力调查评价）、四个结合（野外调查与室内研究相结合、继承与创新相结合、培养年轻人才与发挥老专家作用相结合、调查科研教学相结合）"。

3.公益性地质矿产调查的内容

基础性、公益性地质工作的基本任务是：进一步加强矿产资源综合调查评价和基础测绘工作，全面开展矿产资源总体调查评价，查明一批矿产资源勘查基地，加强海洋矿产资源调查评价工作，进一步开展地下水监测工作，积极推动地质技术方法研究与开发，努力实现地质矿产信息化。

基础性、公益性地质矿产调查评价工作主要包括区域地质和区域矿产地质调查、区域水文地质、工程地质、环境地质调查、区域地球物理调查、区域地球化学调查、遥感地质调查、地质灾害调查、海洋地质调查、矿产资源前期预测评价以及与上述区域性调查工作相关的科学技术研究等。它是在我国领土和管辖海域范围内开展的以地学为基础的资源综合调查评价工作，其目的是为国家进行宏观调控提供基础性资料和依据，为政府履行矿产资源"规划、管理、保护和合理利用"的管理职能服务，为社会公众提供公益性矿产资源信息。针对矿产资源供需严峻形势，自然资源部开展的新一轮国土资源大调查即是基础性、公益性地质矿产调查评价工作之一。

四、商业性矿产勘查工作

商业性矿产勘查工作是指以营利为目的、为投资主体服务的矿产资源勘查工作。

（一）商业性矿产勘查工作的主要特征

与公益性地质调查工作相比，商业性矿产勘查工作的主要特征如下。

（1）"私人物品"属性。其成果具有营利性，为特定的企业服务，成果产权归投资者所有，其合法权益受到法律保护。

（2）企业运作机制。商业性矿产勘查工作必须通过企业这个载体来进行，这是商业性矿产勘查工作最本质的要求。在市场经济国家，商业性矿产勘查工作主要由独立的矿产勘查公司和大型矿业公司的勘查子公司来进行。

（3）投资主体多元化。商业性矿产勘查工作的另一个显著特点是商业性矿产勘查工作通常与金融业紧密地融合，遵循"谁投资，谁受益"的原则，逐步形成比较完善的资本市场和风险机制。

目前世界上大多数国家商业性地质工作（主要是矿产勘查）的投资，是由企业和民间资金（通过资本市场）筹集而来，政府一般不在商业性矿产勘查领域投资。商业性矿产资源勘查投资主要有三种来源：一是小型勘查公司的资金投入，二是矿业公司的投入，三是通过筹组股份有限公司吸引社会投资。其中勘查公司的投资主要用于找矿发现阶段。一旦发现矿床，需做进一步的勘探与评价时，一般勘查公司难以独立承担巨大的找矿风险和投资，则需要通过大型矿业公司或股票市场进行筹资和投资。从近年的发展趋势看，以发行股票、债券等形式筹集社会资金的做法趋于普遍，这也是矿业公司和勘查公司分担风险的重要途径。

（二）商业性矿产勘查工作的指导思想及宏观调控目标

商业性矿产勘查工作的指导思想是在加强国家对矿产资源勘查开发的宏观调控下，充分发挥市场配置资源的基础性作用，根据国家产业政策和工业布局的总体规划要求，坚持经济效益、资源效益、环境效益和社会效益的协调统一的原则，坚持公益性与商业性矿产勘查工作分制运行，以营利为目的的商业性矿产勘查工作，实行在政府宏观调控下的业主依法投资负责制，鼓励引导企业投资矿产资源勘查开发，促进矿业的可持续发展。

一般而言，市场经济条件下政府对商业性矿产勘查工作的宏观调控目标如下。

（1）制定和监督商业性地质勘查市场运作规则。即遵循"在保护中开发，在开发中保护"的总原则，推进矿业权制度及其市场的全面建立和运行，探索矿产勘查发现借助证券市场筹资的运作模式，建立与完善以物权为基础的法律法规体系，保障矿业权人的归属和流转权益。

（2）减少勘查业、矿业的外部成本。即纠正勘查成果及矿产品价格扭曲，治理地方土政策，整顿地勘业、矿业秩序，杜绝社会不合理摊派，为企业减负。

（3）引导社会资本向勘查业流动，为企业提供更多的盈利机会。即调整所有制结构，提供各类扶持政策，提升地勘业的平均收益率。这些扶持政策包括建立政府的矿产勘查风险补贴，提供财政政策（税收优惠）、金融政策（优惠贷款）、投资政策和地区政策优惠，制定市场准入限制（如指导目录、产业政策）等。

（4）国家组织开展战略性矿产勘查，对商业性矿产勘查工作起引导作用。

（三）商业性矿产勘查工作的主要部署方向

1.商业性矿产勘查投资的矿种

国家鼓励商业性投资的矿种为石油、天然气、煤层气、铁、锰、铬、铜、铅、锌、金、银、铝、镍、钴、钾盐、金刚石、硫铁矿、硼、北方磷等紧缺矿种。

国家限制商业性投资的矿种为钨、锡、锑、钼、铋、稀土、萤石、菱镁矿等市场供过于求的矿种。

国家禁止商业性投资的矿种为放射性矿等涉及国家战略利益的矿种。

2.商业性矿产勘查投资的地区

国家鼓励商业性矿产勘查投资的地区为中西部地区、边远及少数民族地区、经济欠发达地区等。

国家限制商业性矿产勘查开发投资的地区为港口、机场、国防工程设施圈定地区以内，重要工业区、大型水利工程设施、城镇市政工程附近一定距离以内，铁路、重要公路两侧一定距离以内，重要河流、堤坝两侧一定距离以内，国家划定的自然保护区、重点风景区、国家重点保护的不能移动的历史文物和名胜古迹所在地，国家规定不得开采矿产资源的其他地区，国家规划矿区以及对国民经济具有重要价值的矿区范围内等。

此外，国家限制对资源利用率低、造成严重资源浪费的商业性矿产勘查开发，禁止可能破坏生态环境或造成环境污染的所有矿产资源勘查开发活动。

五、国际海底矿产资源调查与研究开发

《联合国海洋法公约》确定了约占地球表面积50%（2.57亿km²）的国际海底区域及其资源为"人类共同继承财产"。随着技术的进步和科学探索的不断推进，这一广阔的区域内的多金属结核、富钴结核、热液硫化物、气体水合物、碳酸盐、深海黏土、生物基因等资源已逐步为人类所认识，同时新的潜在资源正在被发现。因此，公平分享这一区域及其资源可能带给人类的利益将是"21世纪是海洋的世纪"这一命题中无法回避的重大的政治、经济、技术、科学和军事现实。我国作为世界上人口最多的国家，国际海底区域是我国在新形势下实施"两种资源、两个市场"战略的重要领域，应从国民经济可持续发展这一基本战略需求出发，建立国家的"区域"战略观念，部署我国"区域"研究开发战略。

1.国际海底区域资源

广布于多数洋盆中的锰结核可能是未来可利用的最大的金属资源。多金属结核广泛分布于水深4000～6000m的海底，含有70多种元素，其中镍、钴、铜、锰的平均品位分别为1.30%、0.22%、1.00%、25.00%，其总储量分别高出陆上相应储量的几十倍到几千倍，具有很高的经济价值。据测算，多金属结核资源总量达3万亿吨。

富钴结壳产出在水深1000～3000m的海山上，富含钴、铂、镍、磷、钛、锌、铅等金属的矿产资源，其中钴的平均品位高达0.8%～1%，是多金属结核钴含量的4倍，钴平均含量较陆地原生钴矿高几十倍，铂平均含量高于陆壳80倍。

海底热液矿床是近年来颇为引人注目的海底重金属资源，其中作为目前研究重点的是热液硫化物矿床。其成分主要有Cu、Fe、Zn、Pb及贵金属Au、Ag、Co、Ni、Pt。此外，海底热液矿床还包括铁锰氧化物、重晶石、石膏、黏土矿物等。

海底天然气水合物是一种由碳氢气体与水分子组成的白色结晶状固态物

质，外形如冰雪，普遍存在于世界各大洋沉积层孔隙中，目前已发现近60处产地，其分布区域约占海洋面积的10%。根据国际天然气潜力委员会的初步统计，世界各大洋天然气水合物的总量换算成甲烷气体约为（1.8～2.1）×$10^{16}m^3$，大约相当于全世界煤、石油和天然气等总储量的两倍，被认为是一种潜力很大的"21世纪的新型能源"。

深海中的黏土矿物是潜在的建筑材料和工业用料，它的储量是异常巨大的，与其他海洋资源相比，其开采技术运输就简单得多。日本等国已经开始探索性地开发深海黏土矿物资源，并已试制成产品。从环境的角度考虑，对深海中的黏土和碳酸盐的开发利用有许多优点。

在某些地区，如冰岛，陆上没有可用的碳酸盐岩，现代海洋碳酸盐沉积和碳酸盐岩可部分地用作建筑材料，主要用于生产水泥。

应当指出，世界大洋含有各种矿产和能源，只有其中一部分较充分地做过勘探，另一些可能尚未被辨认出来，对尚待发现并分类的新资源的鉴别是地球科学工作的一个重要目标。

2.研究开发形势

基于政治、经济、军事、技术、外交等综合因素的考虑，西方国家以深海大洋资源研究开发为基本表象组织开展大规模的活动始于20世纪五六十年代，并在所有方面主导了21世纪的国际海底区域活动。当前，国际社会对国际海底区域的勘探开发活动已经从以多金属结核为主要对象的单一活动转向面向"区域"所有资源的多方位活动。

以获得多金属结核资源开辟区为标志的我国国际海底资源研究开发活动始于20世纪80年代初。在这一国际竞争的重要场所中，我国的研究开发活动已经走出了重要的一步，但在战略上尚处于形成阶段，主要表现为资源研究单一、技术开发薄弱。国际海底区域蕴藏着丰富的金属矿产、能源、生物资源作为21世纪重要的陆地可接替资源，国家应把国际海底资源的占有和开发视为一项基本资源战略，同时

应把发展与储备深海高技术作为一项基本技术战略。国际海底竞争的核心将是高新技术的竞争，谁掌握了深海资源勘查开发技术，谁就取得了21世

纪开发海洋资源的制高点和主动权。只有发展深海高技术，才能确保以强大的技术实力支持我国进入"区域"的战略，提高我国占有和开发国际海底区域资源的国际竞争实力。

第六章
矿产露天开采设计

第一节　露天矿山设计方法

一、概述

在露天矿山开采过程中面临很多问题，通过三维设计能准确地反映出露天矿山的形貌。

数据端复杂和数据量庞大的数字地面模型（Digital Terrain Model，DTM）是三维设计的基础和关键。数字地面模型构建的主要途径有两个：规则格网和不规则三角网。规则格网是采用规则排列的正方形、矩形网格表示地形表面，而不规则的三角网则是通过从不规则分布的数据点生成的连续三角网逼近地形。在数字地面模型构建研究方面，国内的一些专家、学者开展了涉及地形数据处理、构网边界处理、构网方法优化、地面与模型融合构建等一系列卓有成效的研究。OpenRoads技术主要采用在地形拟合方面表现最出色的狄洛尼三角网构建原理，能读取机载激光雷达获取的点云数据和多种存储地形数据的文件，并易于对原始数据进行检查和修正处理，根据需要对地形进行剪切和融合。笔者介绍了通过图形过滤器从测绘数据中提取等高线和高程点、导入软件构成三角网对错误地形点进行修正、导出成.dat或.tin格式，最终通过数字地面模型可快捷地读取三维空间点（X，Y，Z），剖切任意位置地形并直观查看三维显示地形。

二、在三维地质体热点建模技术

1.断层的三维建模技术

断层破坏了地质体的完整及连续性，改变了数据的原始分布格局，为最常见的地质现象之一。当矿体和各种岩层遇到有断层的情况时，断层对其的空间分布影响十分显著，必须加以考虑。断层的三维建模技术是一项比较重要的工作，一般采用TIN数据结构生成断层线框模型，从而在三维空间中准确地描述断层的空间分布形态。TIN又名不规则三角网。断层模型一般有两种：一种是断层比较薄，即断层面。对于这种形式，我们以面的形式进行处理。另外一种为断层比较厚，即断层破碎带，其比面状断层发育，对于这种形式，我们以三维实体模型进行处理。断层模型的构建是一个复杂的过程，在实际工作中需要参照几个相邻剖面上的断层线的分布，还需结合其他一些工程数据资料予以认识和解译，进而进行断层面的拟合，建立正确的断层模型。

2.复杂地质体建模技术

类似于断层的模型构建，地质体的构建也分为两类：一类是单个层状地质体模型的构建。地质体可以采用光滑曲面进行模拟，在计算机图形学中，可以用多个多边形进行无穷逼近光滑曲面的方法构建曲面模型，故所构建的曲面模型即转换成构建无数个三角面。因此，单个层状地质体模型的构建实际上就是通过表面三角面的逼近规则通过封闭表面的技术予以实现。第二类为构造三维地质模型。野外地质调查和观察所得到的主要是岩层和断层的分界线数据，建模时需要了解各个地质体之间的三维空间分布关系，尤其是各个地质体之间的对应关系，通过相关测量数据完成各类地质体的模型构建。

3.矿体三维线框模型

矿体三维线框模型在建模中占有极其重要的地位，是后期资源储量估算的基础，建模步骤分为探矿工程数据库的建立、剖面解译和剖面间连矿三个步骤。经过多年的发展，相对于其他建模技术而言，矿体的三维模型建立和可视化显示技术已十分完善。矿体的三维模型有多种分类：从模型的构成元素分，有基于面模型、基于体元模型和两种的混合模型三类；从模型存储的元素类型分，可以分为基于矢量模型、栅格模型以及前两种的混合模型三类。

三、三维设计方法的应用基础

矿山三维地质模型是采用三维设计方法进行开拓方案设计的基础，具体包括以下模型。

（1）地表模型。地表模型是用来虚拟地形和表面的不封闭表面模型，由一系列三角面片根据地形线和地形散点无缝拼接构成。在DIMINE三维矿业软件中，可以通过原始测量数据生成法和矢量化CAD地形图等高线生成法构建矿山地表模型。

（2）构造模型。构造模型包括断层模型和岩性模型，是用来模拟断层构造和不同岩层的不封闭表面模型，由一系列三角面片根据断层线和岩层线拼接形成。将各个平剖面图中的断层信息和岩层信息导入DIMINE三维矿业软件中，依据构造信息，按照一定顺序将各构造线连接成面，从而生成构造模型。

（3）地质数据库。地质数据库是将矿山的钻孔、坑道等数据资料按照一定的方式存储起来，为矿体对比圈定、品位统计分布规律分析以及估值提供基础数据。在 DIMINE三维矿业软件中，可以将钻探成果分别整理成孔口文件、测斜文件、样品文件和岩性文件等导入，生成地质数据库。

（4）矿体模型。矿体模型是一种封闭的表面模型，具有体积信息，能够在任一方向和高程上剖切，形成平剖面图。在DIMINE三维矿业软件中，可以直接对地质数据库进行解译，圈定矿体轮廓线，创建矿体模型；也可将已解译的CAD或MapGIS地质平剖面图导入DIMINE三维矿业软件中，通过三维地质数据库对矿体轮廓线进行校正，创建矿体模型。完整的矿体模型要求能够计算出体积，没有冗余的点、线、面数据，以便于对模型进行后续的布尔运算、品位估值和块段分析工作。

（5）块段模型。块段模型是对矿体模型进行单元块细分，并以地质数据库为基础，采用空间的插值方法对各单元块的品位、岩性等进行推估，得到矿体的内部属性值。DIMINE三维矿业软件采用外存八叉树模型的构建技术创建块段模型。

第二节　境界圈定

露天开采过程是一个使矿区内原始地貌连续发生变形的过程。在开采过程中，或是山包消失，或是形成深度和广度不断增加的露天坑体（即采场）。采场的边坡必须能够在较长的时期内保持稳定，不发生滑坡。为满足边坡稳定性要求，边坡坡面与水平面的夹角（即最终帮坡角）不能超过某一最大值（一般为35°～55°，具体值需根据岩体的稳定性确定）。最终帮坡角对最终境界形态的约束是确定最终境界时需要考虑的几何约束。

由于露天开采受到技术条件的制约和出于经济上的考虑，在技术上可行和经济上合理的条件下，一般只能开采一部分地质储量，这部分储量称为开采储量。圈定开采储量的三维几何体称为最终开采境界，它是预计在矿山开采结束时的采场大小和形状。

一、地质横剖面线段比法确定长矿体的合理开采深度

地质横剖面上的线段比是面积比的一种简化形式，当矿体走向较长，且矿体形态变化不大时，可运用线段比来代替面积比，这样既可保证设计工作具有一定的精度，又免除了运用求积仪求算面积的繁琐工作。

二、水平剖面面积法确定短矿体的开采深度

对于走向短的矿体，其端部的岩石量对境界剥采比影响很大，此时水平剖面图能较好地反映矿体的赋存特点和形态，所以宜采用水平剖面面积法确定短露天矿的最佳开采深度，具体的确定步骤如下。

第一步：选择几个深度方案，基于地质勘探线剖面图绘制出每一深度方案所在水平处的平面图。

第二步：在各开采深度的平面图上，依据矿体形态、运输设备的要求确定出该水平境界底平面的周界，再根据该水平境界底平面与境界帮坡角确定出各地质勘探线剖面图上的相应开采境界。

第三步：将各地质勘探线剖面图上的地面境界点投影到带有底部周界的平面图上，再依次连接各地面境界点，即确定出矿体上下盘两侧的开采境界线。

第四步：为了确定矿体端部的开采境界线，需要切割出若干个端部辅助剖面。

第五步：在水平平面图上，根据确定出的地表开采境界内所包含的矿石面积与岩石面积，运用面积比法计算出境界剥采比。

三、最终开采境界的审核

基于上述方法确定出各地质剖面上的开采深度或底部周界后，即可进一步圈定出最终开采境界。具体做法如下。

（1）调整最终开采底平面标高。采用平面面积法确定出的短矿体开采的底平面标高一般不需另行调整。但对采用地质横剖面法确定出的长矿体开采深度，需要进行纵向底平面标高的调整，具体步骤如下。

第一步：将在各地质横剖面上确定出的最佳开采深度投影到矿体的纵剖面图上，连接各开采深度点，得到露天矿纵剖面图上的理论开采深度。

第二步：调整纵断面上的理论开采深度。调整时依据的原则：当纵断面上的各理论开采深度点相差不大时，露天矿底可设计为同一标高；当矿体埋藏深度沿矿体走向变化较大时，露天矿底平面可调整成阶梯形。调整时，可

按纵断面图调整后底平面标高线上部增加的面积总和与下部减少的面积总和近似相等来衡量。调整后，最终境界内的平均剥采比应小于经济合理剥采比，最终开采境界底平面的纵向长度应满足最短的运输线路的长度要求。

（2）圈定最终开采境界的底部周界。具体的圈定步骤如下。

第一步：按调整后的开采境界底平面水平绘制地质分层平面图。

第二步：按调整后开采境界底平面标高修正各地质横剖面图上的各开采境界，并将修正后的各开采底平面界线点投影到地质分层平面图上，分别连接各界线点，得到理论底部周界。

第三步：修正理论底部周界。修正原则：底部周界要平直，弯曲部分要满足运输设备最小转弯半径的要求，底部周界的纵向长度要满足设置运输线路的要求。

第三节　矿山开拓

一、公路运输开拓

公路运输开拓中最常用的设备是自卸汽车，所以也称为汽车运输开拓。与铁路运输开拓相比，汽车运输开拓坑线形式较为简单，开拓坑线展线较短，对地形的适应能力强。此外，公路运输还可多设出入口进行分散运输和分散排土，便于采用移动坑线开拓，有利于强化开采，提高露天矿的生产能力。

公路运输开拓的坑线布置形式，除可依据露天矿的地形条件、采场平面尺寸和开采深度选择折返式、螺旋式或折返与螺旋式联合布线形式外，还可以采用地下斜坡道开拓形式。

地下斜坡道开拓形式是在露天采场境界外设置地下斜坡道，并在相应的标高处设置出入口通往各开采水平，汽车经出入口和斜坡道在采矿场与地面之间运行。出入口处底板应朝向采矿场倾斜1°～3°，以防止雨水进入运输通道。地下斜坡道中的运输坑线可采用螺旋式或折返式，螺旋式斜坡道是在露天采场境界外围绕四周边帮呈螺旋式向下延伸，折返式斜坡道设在露天矿场边帮的一侧。由于地下斜坡道不设在露天的边帮上，免除了因设置露天开拓坑线而引起的附加剥岩量和由于边坡稳定性差给运输工作造成不良影响。同时，由于斜坡道隐匿于地下，避免了气候条件的变化给运输工作带来的不良影响。但地下斜坡道单位体积掘进费用高，掘进速度慢，生产能力受到一定限制，故仅适用于中小型矿山。在露天开采中，运输费用占矿石开采成本的40%～60%。随着矿床开采深度的增加，矿岩的运距显著增大，汽车的台班运输能力逐渐降低，造成单位矿岩运输费随着采深的增加而上升。因此，虽然公路运输开拓具有地形适应能力强、运输坑线布置灵活等优点，但由于受到合理运距的影响，也存在一个适用范围。

所谓汽车运输开拓的合理运距，即是在该运距范围内汽车运输的运输成本占开采总成本的比例适中，使矿山能够获得正常盈利。合理运距是一个经济概念，它随着技术经济条件的不同而变化。目前，采用普通载重自卸汽车运输时，其合理运距约为3km；采用100t以上大型自卸汽车运输时，由于汽车运输载重量增大，合理运距也随之增加，可达5～6km。考虑到凹陷露天矿重载汽车上坡运行和至卸载点的地面距离，在合理运距范围内可折算出汽车运输开拓的合理开采深度。当采用载重量为80～120t的汽车时，合理开采深度一般为200～300m。

二、铁路运输开拓

采用铁路运输开拓，设备运输能力大，运输设备坚固耐用，吨千米运输费用比汽车运输低，约为汽车运输的1/4～1/3。但铁路运输开拓线路较为复杂，开拓展线比汽车运输长，转弯半径大，灵活性低。

铁路运输开拓多采用固定式坑线。采用铁路运输时，由于牵引机车的爬坡能力小，从一个水平至另一个水平的坑线较长，列车的转弯半径大（准轨铁路运输转弯半径不小于100～200m），故在开拓坑线的布置形式上，铁路运输坑线多采用折返式、直进-折返式、螺旋式及折返-螺旋式等形式。

对于铁路运输，直进式是最理想的坑线布线形式，但只能适用于开采深度浅、采场走向很大的露天矿。对于其他形式的露天矿，多采用直进式与折返式相结合的坑线开拓形式，即机车直进若干个台阶后，坑线经折返站改变方向再继续直进，如此形式延伸到采场底部，形成直进与折返混合坑线形式，也可称为多水平折返式。单水平折返坑线是最基本的折返形式，仅适用于采场平面尺寸有限而矿床延伸较大的矿山。

折返站是折返坑线的组成部分，供列车换向和会让之用。折返坑线由于需设立折返站，因而增大了铁路运输线路的长度，同时列车在折返站的停车、换向、会让等作业操作又降低了运输效率，增加了运行周期，故应尽量减少坑线的折返次数。

铁路运输多为折返坑线开拓，随着矿床开采深度的下降，列车在折返站因停车和换向而使运行周期增加，因运行周期长而使运输效率明显降低。对于凹陷露天矿，单一铁路运输开拓地经济合理的开采深度约为120～150m，当采用牵引机组运输时，可将运输线路的坡度提高到6%，开采深度最大可达到300m。对于山坡露天矿，在地形标高不超过150～200m的条件下，可取得理想的经济效果。

第四节　开采程序

一、掘沟

露天开采是分台阶进行的，由于采装与运输设备是在工作台阶的坡底面水平作业，所以必须在新台阶顶面的某一位置开一道斜沟，使采运设备到达作业水平，而后以沟端为初始工作面向前、向外推进。因此，掘沟是新台阶开采的开始。

按运输方式的不同，掘沟方法可分为不同的类型，如汽车运输掘沟、铁路运输掘沟、无运输掘沟等。由于现代露天矿山，特别是新设计的露天矿山大都采用汽车运输，故以汽车运输掘沟为例进行简要的介绍。

1.深凹露天矿掘沟

掘沟工作一般分为两阶段进行：首先挖掘出入沟，以建立起上、下两个台阶水平的运输联系；然后开掘段沟，为新台阶的开采推进提供初始作业空间。

出入沟的坡度取决于汽车的爬坡能力和运输安全要求。现代大型露天矿多采用载重100t以上的大吨位矿用汽车，出入沟的坡度一般为8%～10%。出入沟的长度等于台阶高度除以出入沟的坡度。例如，当台阶高度为12m、出入沟的坡度为8%时，出入沟的长度为150m。

不同的矿山由于岩性不同，掘沟时的爆破设计各异。总的可分为两种：全沟等深孔爆破与沿坡面的不等深孔爆破。当采用全沟等深孔爆破时，出入沟的斜坡路面修在爆破后的松散碎石上。这种掘沟方法的优点是穿孔、爆破作业简单，而且当出入沟位置需要移动时，可避免在斜坡上穿孔、装药；其缺点是路面质量差，影响汽车的运行效率，加重了汽车轮胎的磨损。当采用沿坡面的不等深孔爆破时，需要沿出入沟的坡面从上至下穿凿不同深度的炮孔进行分段爆破。

出入沟掘完后继续掘段沟。掘段沟时是否需要分区段爆破，要由段沟的长度而定。由于段沟为等深度，所以没有必要采用不同的爆破设计。

一般说来，为了尽快到达新水平，在新的工作台阶形成生产能力，应尽量减少掘沟工作量。因此，沟底宽度应尽量小一些。最小沟底宽度是满足采运设备基本的作业空间要求的宽度，其值取决于电铲的作业技术规格、采装方式与汽车的调车方式。

最节省空间的调车方式是汽车在沟外调头，而后倒退到沟内装车。这种调车方式下的沟底宽度只取决于电铲的采装方式。最常用的采装方式是中线采装，即电铲沿沟的中线移动，向左、右、前三方挖掘。

另一种更节省空间的采装方式是双侧交替采装。电铲沿左右两条线前进，当电铲位于左侧时，采掘右前方的岩石，装入停在右侧的汽车；而后电铲移到右侧，采装左前方的岩石，装入停在左侧的汽车。

实际采用的沟底宽度应适当大于最小沟底宽度，以保证作业的安全和正常的作业效率。

2.山坡露天矿掘沟

在许多矿山，最终开采境界范围内的地表是山坡或山包，随着开采的进行，矿山由上部的山坡露天矿逐步转为深凹露天矿。采场由山坡转为深凹的水平称为封闭水平，即在该水平上采场形成闭合圈。

在山坡地带的开采也是分台阶逐层向下进行的。与深凹开采不同的是，不需要在平地向下掘沟以到达下一水平，只需要在山坡适当位置拉开初始工作面就可进行新台阶的推进。不过，在习惯上将"初始工作面的拉开"也称为掘沟。山坡上掘出的"沟"是仅在指向山坡的一面有沟壁的单壁沟。

如果山坡为较为松散的表土或风化的岩石覆盖层，可直接用推土机在选定的水平推出开采所需的工作平台；如果山坡为硬岩或坡度较陡，则需要先进行穿孔爆破，然后再行推平。

山坡单壁沟也可用电铲掘出，电铲将沟内的岩石直接倒在沟外的山坡堆置，不再装车运走。沟底宽度应与电铲作业技术规格相适应。

二、台阶的推进方式

掘沟为一个新台阶的开采提供了运输通道和初始作业空间，完成掘沟后即可开始台阶的侧向推进。由于汽车运输的灵活性，有时在掘完出入沟后不开段沟，立即以扇形工作面形式向外推进。划归一台采掘设备开采的工作线长度称为采区长度。采区长度影响一个台阶可布置的采掘设备台数，从而影响台阶的开采强度。采区长度随采运设备的作业技术规格而变。根据有关资料，国内矿山的采区长度一般大于200m。从新水平掘沟开始，到新工作台阶形成预定的生产能力的过程，叫作新水平准备。

台阶推进方式主要包括采掘方式和工作线布置方式。

（一）采掘方式

根据采掘方向和工作线方向之间的关系，有两种基本的采掘方式，即垂直采掘和平行采掘。

1.垂直采掘

垂直采掘时，电铲的采掘方向垂直于台阶工作线走向（即采区走向），与台阶的推进方向平行。开始时，在台阶坡面掘出一个小缺口，而后向前、左、右三个方向采掘。

垂直采掘时，一次采掘深度（即采掘带宽度A）为电铲站立水平挖掘半径（G），沿工作线一次采掘长度为2G。当然，电铲在同一轮采掘中可以采掘更大的范围，但超过上述范围时，电铲需要做频繁的小距离的移动，影响采装效率。

2.平行采掘

平行采掘时，电铲的采掘方向与台阶工作线的方向平行，与台阶推进方向垂直。根据汽车的调头与行驶方式（统称为供车方式），平行采掘可进一步细分为单向行车不调头和双向行车折返调车等许多不同的类型的供车方式。

（1）单向行车不调头平行采掘：汽车沿工作面直接驶到装车位置，装满后沿同一方向驶离工作面。这种供车方式的优点是调车简单，工作平盘只需设单车道。缺点是电铲回转角度大，在工作平盘的两端都需出口（即双出入沟），因而增加了掘沟工作量。

（2）双向行车折返调车平行采掘：空载汽车从电铲尾部接近电铲，在电铲附近停车、调头，倒退到装车位置，装载后重车沿原路驶离工作面。这种供车方式只需在工作平盘一端设有出入沟，但需要双车道。

（二）采区宽度与采掘带宽度

采区宽度是爆破带的实体宽度，采掘带宽度是挖掘机一次采掘的宽度。当矿岩松软无需爆破时，采区宽度等于采掘带宽度。绝大多数金属矿山都需要爆破，故采掘带宽度一般指一次采掘的爆堆宽度。

采区宽度应与采掘带宽度相适应，即实体（采区）爆破后的爆堆宽度应与挖掘机的采掘带宽度和采掘次数相适应。采掘带宽度过宽或过窄都会影响挖掘机的生产能力：过宽时，挖掘机回转角度大，且爆堆外缘残留矿岩多，清理工作量大；过窄时，则挖掘机移动频繁，行走时间长。采掘带宽度一般应保持挖掘机向里侧回转角不大于90°，向外不大于30°。

国内矿山采掘带宽度一般为 1 ~ 1.5G，国外矿山的采掘带宽度可达 1.8G。国内采用汽车运输和 4 ~ 5m³ 挖掘机的矿山，其采掘带宽度一般为 9 ~ 15m。采用一次穿爆两次采掘时，第一采掘带（外采掘带）一般要比第二采掘带宽一些。

（三）工作线的布置方式

依据工作线的方向与台阶走向的关系，工作线的布置方式可分为纵向、横向和扇形三种。

纵向布置时，工作线的方向与矿体走向平行。这种方式一般是沿矿体走向掘出入沟，并按采场全长开段沟形成初始工作面，之后依据沟的位置（上盘最终边帮、下盘最终边帮或中间开沟），自上盘向下盘、自下盘向上盘或从中间向上、下盘推进。

横向布置这种方式一般是沿矿体走向掘出入沟，垂直于矿体掘短段沟形成初始工作面，或不掘段沟直接在出入沟底端向四周扩展，逐步扩成垂直矿体的工作面，沿矿体走向向一端或两端推进。由于横向布置时爆破方向与矿体的走向平行，故对于顺矿层节理爆破和层理较发育的岩体，会显著降低大块与根底，提高爆破质量。由于汽车运输的灵活性，工作线也可视具体条件与矿体斜交布置。

扇形布置时，工作线与矿体走向不存在固定的相交关系，而是呈扇形向四周推进。这种布置方式灵活机动，充分利用了汽车运输的灵活性，可使开采工作面尽快到达矿体。

（四）采场扩延过程

一个台阶的水平推进使其所在水平的采场不断扩大，并为其下面台阶的开采创造条件。新台阶工作面的拉开使采场得以延伸。台阶的水平推进和新水平的拉开构成了露天采场的扩展与延伸。

假设一露天矿最终境界内的地表地形较为平坦，地表标高为200m，台阶高度为12m。首先在地表境界线的一端沿矿体走向掘沟到188m水平。出入沟掘完后在沟底以扇形工作面推进。当188m水平被揭露出足够面积时，向176m水平掘沟，掘沟位置仍在右侧最终边帮。之后，形成了188～200m台阶和176～188m台阶同时推进的局面。随着开采的进行，新的工作台阶不断投入生产，上部一些台阶推进到最终边帮（即已靠帮）。

有的矿山将出入沟以迂回形式布置在采场一侧的非工作帮上，称为迂回布线。迂回布线要求布线边帮的岩石较为稳固，地质条件允许时，一般将迂回线路布置在矿体下盘的非工作帮上，这样可以使工作线较快接近矿体，减少初期剥岩量。迂回线路布置在矿体上盘非工作帮时，虽然工作线到达矿体的时间长，但可减少矿石的损失和贫化。当然，视具体条件也可将迂回线路布置在采场的端帮。线路迂回曲线的半径必须大于汽车运行的最小转弯半径，故在迂回区段需留较大的台阶宽度。

与螺旋布线相比，采用迂回布线时，开采工作线长度和方向较为固定，各开采水平间相互影响小，故生产组织管理简单，但行车条件不如螺旋布线。

由于矿体一般位于采场中部（缓倾斜矿体除外），固定布线时的掘沟位置离矿体远，为尽快采出矿石，可将掘沟位置选在采场中间（一般为上盘或下盘矿岩接触带），在台阶推进过程中，出入沟始终保留在工作帮上，随工作帮的推进而移动，直至到达最终边帮位置才固定下来，这种方式称为移动式布线。

采场扩延过程中，每一台阶推进到最终边帮时，均与上部台阶之间留有安全平台。在实际生产中，常常在最终边帮上每隔两个或三个台阶留一个安全平台，将安全平台之间的台阶合并为一个"高台阶"，称为并段。并段后的安全平台宽度应适当加宽。一般是每并入一个台阶，安全平台的宽度增加1/3左右。选择安全平台的宽度时，还应考虑最终帮坡角的要求。若依据滚石安全要求所设置的安全平台宽度使最终帮坡角大于最大允许帮坡角时，需增加安全平台宽度。

参考文献

[1]谷建伟.油气田开发设计与应[M].东营：中国石油大学出版社，2017.

[2]吴欣松，刘钰铭，徐樟有.油气田开发地质工程[M].北京：石油工业出版社，2018.

[3]谢菲尔德.油气田开发地质学[M].张为民，魏晨吉，刘卓，等，译.北京：石油工业出版社，2018.

[4]刘吉余，赵荣.油气田开发地质基础[M].北京：石油工业出版社，2020.

[5]章星.油气田开发基础[M].北京：中国商务出版社，2018.

[6]ROGERMARJORIBANKS.矿产勘查及开发中的地质方法[M].万方，陆丽娜，译.北京：电子工业出版社，2016.

[7]宋子岭.露天煤矿生态环境恢复与开采一体化理论与技术[M].北京：煤炭工业出版社，2019.

[8]杨汉宏，张铁毅，张勇，等.露天煤矿开采扰动效应[M].北京：煤炭工业出版社，2017.

[9]梅晓仁.露天煤矿拉铲倒堆开采工艺优化研究[M].武汉：华中科学技术大学出版社，2020.

[10]宋子岭.露天开采工艺[M].徐州：中国矿业大学出版社，2018.

[11]王社教.中国非常规油气地质特征与资源潜力[M].北京：石油工业出版社，2019.

[12]赵彦超.非常规致密砂岩油气藏精细描述及开发优化[M].武汉：中国地质大学出版社，2018.

[13]周新桂，孟元林，李世臻，等.东北地区东部盆地群中新生代油气地质[M].北京：地质出版社，2017.

[14]曾溅辉.沉积盆地流体地质学[M].东营：石油大学出版社，2017.

[15]秦勇.化石能源地质学导论[M].徐州：中国矿业大学出版社，2017.

[16]周丽萍.油气开采新技术[M].北京：石油工业出版社，2020.

[17]叶哲伟.油气开采井下工艺与工具[M].北京：石油工业出版社，2018.

[18]刘均荣，陈德春.海洋油气开采工程[M].东营：中国石油大学出版社，2019.

[19]付美龙，张顶学，柳建新，等.油田开发后期调剖堵水和深部调驱提高采收率技术[M].北京：石油工业出版社，2017.

[20]杨昭，李岳祥.油田化学[M].哈尔滨：哈尔滨工业大学出版社，2019.

[21]王业飞.油田化学工程与应用[M].东营：石油大学出版社，2018.03

[22]肖荣鸽.天然气集输[M].北京：中国石化出版社，2019.

[23]马国光.天然气工程 地面集输工程分册[M].3版.北京：石油工业出版社，2017.

[24]霍丙杰，李伟，曾泰，等.煤矿特殊开采方法[M].北京：煤炭工业出版社，2019.

[25]张建国，魏风清.俄罗斯煤矿动力现象预测细则和安全作业指南[M].北京：煤炭工业出版社，2019.

[26]马金伟.煤矿防治水实用技术[M].徐州：中国矿业大学出版社，2018.

[27]林柏泉，杨威.煤矿瓦斯动力灾害及其治理[M].徐州：中国矿业大学出版社，2018.

[28]刘超.含瓦斯煤岩破裂过程微震监测与分析[M].徐州：中国矿业大学出版社，2017.

[29]熊敬超，宋自新，侯浩波，等.矿山废弃地生态修复研究与实践[M].武汉：中国地质大学出版社，2021.

[30]成六三，逯娟.矿山环境修复与土地复垦技术[M].徐州：中国矿业大学出版社，2019.